整体性思维

人类及其世界

[法] 埃德加·莫兰（Edgar Morin）◎著
陈一壮◎译

PENSER GLOBAL
L'homme et son univers

U1015685

中国人民大学出版社
·北京·

译者与埃德加·莫兰 1999 年摄于北京的法国驻华大使馆

1999 年 11 月 1 日下午莫兰在北京大学讲学时译者在旁翻译

译者序

埃德加·莫兰（Edgar Morin）是法国当代享有盛誉的思想家，他具有多学科的视角。他的主要贡献是在哲学认识论的领域里创建了“复杂性思维方式”（简称“复杂性范式”），在其他人文社会科学领域里也建树颇多。一些书刊称他是哲学家、社会学家、人类学家和政治评论家。他 1921 年 7 月 8 日作为移民之子生于法国巴黎。他的祖上系西班牙的犹太人，在公元 15 世纪因不遵从西班牙国王的旨意改宗皈依基督教，被迫离开西班牙流落于地中海沿岸一带。他的父辈经商，其母在他九岁时病逝。莫兰说他少年时犹如一个“文化上的杂食动物”，被广泛的、强烈的求知欲所驱使，贪婪地阅读不同类型的书籍，兼收并蓄各种文化知识。1939 年第二次世界大战爆发。1940 年他中学毕业时，德国纳粹军攻占法国巴黎，莫兰逃亡到南部城市图卢兹，后在图卢兹大学读了两年史地专业。

同时，他在1941年底参加法国共产党领导的地下抵抗运动，并在1942年春加入法国共产党。1943年他投入抗德的法军，1944年参与巴黎的起义和光复。1945年同盟国联军攻克柏林后，他在进驻柏林的法国第1军参谋部任随员，1946年任法国驻德军事政府情报部的宣传办公室负责人。战后谋职曾失业两年，1950年他在图卢兹大学社会学教授弗里德曼的引荐下（并获得四名教授的推荐信），进入法国国家科学研究中心（相当于法国科学院）的社会学研究部门工作。莫兰为此非常高兴，事后回忆说："我有幸进入国家科学研究中心，在那里我在建制上变成了我在心理上所是的东西——研究者。"莫兰在那里努力工作终生，最后成为该机构在社会科学研究方面最著名的代表之一。在1951年，由于他不满于指挥法国共产党的苏联共产党的政策和作为，被法国共产党开除出党。此后他一直作为无党派的左翼知识分子，积极参加法国的社会政治活动。

莫兰在1956—1963年创办了杂志《论据》，自任主编。这是个探询和辩论的刊物，可以无界限地批判考察世界上流行的思想观念，无禁忌地评论当代社会现实生活中发生的任何重大事件。他在1960—1973年担任"大众传媒研究中心"的副主任职务，在1973—1989年担任“社会学、人类学、政治学跨学科研究中心”的两位共同负责的主任职务。莫兰不是以学科为中心进行研究，而是以问题为中心进行研究；凡是他所研究的问题涉及的专业领域，他都不惮进入加以探索。他生性追求全面、完整地把握问题的倾向，必然导致他形成多学科和跨学科的研究方法。而这种研究方法就孕育着“复杂性思维方式”的胚芽。莫兰曾先致力于用复杂性方式重建社会学、人类学、政治学，然后他从研究一门具体科学的复杂性问题，进展到探讨作为一般的科学研究的方法论的复杂性方法，即进入哲学认识论的领域。这就是为什么在1973—1980年莫兰于山中专心撰写他的哲学巨著《方法》。《方法》向人类提出了改革思维方式的任务，阐述了对经典科学的简单性方法进行革新的复杂性方法。起初，莫兰计划写三大卷：《自然之为自然》、《生命之为生命》和《对认识的认识》，依次论述物理的复杂性、生物的复杂性和认识的复杂性，然后表述贯串这三者的统一的、有机的纽带——本体论和认识论的复杂性规范。后来由于莫兰晚年回到对有关人类本身和社会问题的关注，增加了题为《人类之为人类》的一卷（包含两本）。从而莫兰的《方法》一书展现了一幅从物理学、生物学、认识论到人类学、伦理学的百科全书式的画卷，使莫兰的复杂性思想成为多样性的统一，带有人文文化和科学文化交融的色彩。莫兰主张哲学和科学的结合。哲学进行反思和思辨，科学进行观察和实验，哲学和科学相结合意味着哲学的普遍性论断要凭借和利用有关科学领域里研究的事实材料和所获得的成果。莫兰提供的复杂性原理不是干巴巴的教条，而是具有丰满的血肉的，这就是他把抽象的哲学思辨、概括与依据丰富的科学事实材料进行的具体论证有机地结合起来，实现了普遍性和具体性的统一。1977 年《方法》第一卷的出版使莫兰在法国名声大振，从此奠定了他在学术界举足轻重的地位。本书《整体性思维：人类及其世界》是由他应邀在建立于 2011 年的法国“世界研究学院”（Collège d'études mondiales）开办初期所作的系列演讲（六次）改编而成，演讲的题目也是采用会议东道主建议的（在演讲最后莫兰涉及了整体性思维和复杂性思维的内容）。本书为作者在 2015 年 94 岁高龄时所出，论述触及他博大的思想内容的几乎所有方面，仿佛提供了他的思想体系的一个缩影。下面我大致介绍一下莫兰具有特色的主要思想。

复杂性思维方式

复杂性思维方式是对传统的经典科学的简单性思维方式的超越，被称为认识范式的革命。有序即有秩序，是经典科学的主导词。经典科学的方法论推崇清晰、明确、固定不变的有序性构成它作为简单性方法的第一个特点。它主要使用把整体化归为要素的分解、还原方法；遵从形式逻辑的同一律、非矛盾律、排中律，运用归纳或演绎的方法，从前提推导出结论。无序性意味着不循规律、无原因、无关联的随机变化、偶然性、混乱现象。经典科学否定它的意义而加以**排斥**。不是说简单性方法是错误的，而是它的认识效用是有限的。它只能认识机械的、被动的、不变的东西，不能认识复杂的、能动的、发展的东西。复杂性认识方式促成的变革首先是把无序性引进科学认识论，指出无序性既有消极作用，又有积极作用。它与有序性相联合的存在，产生了组织。因为有序性作为规律、规则，也会对事物起束缚作用；无序性可以破坏这种束缚，使事物的组成部分分解之后，在偶然的相互作用中结成新的结构更复杂的事物。这就是组织，它是系统概念的实质，表达系统中各种要素的相互作用，起形成、维持、保护、调节、再生的作用，它赋予系统概念以脊梁骨。过去的主导词“有序”在新的范式中被三元联立的主导词“有序-无序-组织”所取代（单一的主导概念被形成星座式的“宏大概念”所取代），莫兰说这就是复杂性原理。在三个词项中组织最重要。在进一步分析中莫兰指出，真正的组织是能动的组织，即能够自我产生、自我组织的复杂事物，它就是自组织。自组织成为莫兰自然哲学体系的核心概念。主体在充满着无序性因素的自然环境中通过对抗无序和利用无序而完成。它的性能就是组合无序性和有序性并把它们转化成生成性。而一个生命、主体、自我都是通过对无序性的对抗和利用而存在的，而显示它们的能动性和保持它们的自由。总之，复杂性思维方式可以认识成长的、发展的、能动的存在。莫兰讲到系统论、控制论、信息论这些科学方法论的原理、方法构成它基本的认识工具。他提出了复杂性方法的三个思维法则：（1）两重性逻辑的法则，（2）回归的法则，（3）全息的法则。两重性逻辑的法则相当于对立统一法则，说两项之间既对立又统一，如有序和无序之间，一般地说它们是对立的，但在一定条件下——如构成一个能动的复杂存在，它们就是互补的。回归的法则意味着结果又返回来作用于原因，形成自为因果的循环现象，比如像控制论中的反馈原理所表示的自我控制，是自组织的一个方面。全息的法则表示要素和整体之间的相互决定作用。全息意味着要素也以某种特别的方式包含着整体，虽然整体包含着要素。要素不是被动的单纯被决定的因素，正是它们积极的相互作用，产生了“整体大于部分之和”的效果。复杂性思维方式重点使用“连接”的方法，把不同的方面连接起来。但它不反对分解的方法，先分解后连接，因此复杂性思维方式包纳着简单性思维方式。

历史发展观

莫兰的历史观也很有特色。他认为人类历史并不遵从必然的法则，而是充满不确定性，最后实现多种可能性中的一种，而且常常看起来是概率小的可能性。为此他做了个比喻：人类历史演进不是像一条主河道的河流一往直前地向前奔涌，而是像一个侧身爬行前进的螃蟹，留下歪歪斜斜的轨迹。历史前进可能凭借偏离主河道的支流，在那里站稳脚跟后就发展出影响全局的趋势，直到确定了新阶段的主河道。因此人们间断地遭遇意外的历史事变——预期的东西没有实现，没有想到的东西实现了。与此有关，莫兰也讲到初始不起眼的异端、偏离常轨的倾向常常经过曲折的发展，演变为支配社会发展的主导力量。因此人们应随时做好准备：迎接有利的可能性，防备不利的可能性。

历史发展的难以预测性和事物运动变化的无序性、不确定性、偶然性是相连的。我们不要唾弃这些概念，因为人类、生命也不是根据必然法则产生的，而是偶然性的产物。莫兰举出一个例子极为深刻地说明了这个问题。碳原子核由三个氦原子核组成，这种组合所需要的温度以及它们的相遇所发生的概率极小。然而在宇宙演化的某一时刻，在像太阳这样的高温大熔炉的中心有无以量计的氦原子相互撞击，在无数次撞击中有时可能发生三个氦原子撞击出一个碳原子的事件。而碳原子的结构极为牢固，一旦形成便能抵抗来自其他原子核的撞击和自身分化的倾向，而长久存在下去。这些碳原子具有极强的化合性质，在适宜的条件下与其他种原子化合产生氨基酸高分子，而氨基酸高分子形成蛋白质产生细胞、生物。在这个过程中我们还看到任何普遍规律都不是超乎具体条件存在的，而是在一定的具体条件下形成的，我们从而领略到个别事件对于普遍规律的反向决定作用。因此莫兰要求我们把个体性原则与普遍性原则结合起来。

偶然性的存在对于能动主体的生存也是必不可少的。普利高津的耗散结构理论表明，自组织事物在其进化的过程中时而会处于一些热力学分叉点上，在这些分叉点上事物的发展面临着多种可能性，至于它最终进入哪一个分支则属于一种偶然性。因此我们地球上的生物世界才会在进化过程中变得如此复杂和具有多样性。普利高津指出自组织事物的发展处于两个分叉点之间时是遵守决定论的机制的，而当其处于一个分叉点上时是遵守非决定论的机制的。这是在世界上有序性和无序性共存的一种体现。行为主体对于自身的以及作为实践对象的事物的多种发展可能性进行选择，这是自由的根基。主体争取实现适合主体目的的最佳可能性，这是能动性的表现。

整体人类学

我 1999 年在国内翻译出版了莫兰的作为复杂性范式的滥觞之作的人类学著作——《迷失的范式：人性研究》，这个书名是什么意思？就是说：人们在研究人性时，还没有掌握复杂性范式。看他在书中是怎么说的：“原人进化过程不能仅仅被设想为是生物进化过程，或仅仅是精神进化过程，或仅仅是社会进化过程，而应当被设想为是遗传、环境、大脑、社会和文化的相互干预产生的复杂的多方面的形态发展过程。”“这种复杂性一开始就使人感到困惑，因此人们企图寻找指导线索。但是这个指导线索只能是简化线索。虽然十几年来出现了一些卓越的假说说明原人进化的过程，但是它们都倾向于在某个特定的时刻把整个过程化归为一个被优先看待的方面。我们不会优先看待只是推动了原人进化在脚方面的发展的解剖学特点；我们也不会优先看待只是推动了原人进化在大脑方面的发展的心理学特点；我们也不会优先看待使原人从一个基因突变型跳跃到另一个基因突变型的遗传学特点；我们也不会优先看待只是使草原向原人扩展并使原人生活在草原上的生态学特点；我们也不会优先看待只是推动了社会性的活力的开展的社会学特点……所有这些特点都是根本的，但是对于这个进化过程来说，它们是互为前提的。”“从而遗传因素、环境因素、实践因素（狩猎）、大脑因素、社会因素以及文化因素的多方面的相互关联、相互作用、相互干预，使我们能够设想一个多方面的原人进化的过程，这个过程最终导致智人的出现。”① 总之，需要采取“多极模式”而不是“主导模式”。

在人类学中莫兰提出人类的复杂的本性。他指出，从类人猿发展出人类，其间没有分隔他们的万里长城。“先是原人脑的自然的进化产生和发展了文化，然后是文化的演进推动或刺激了原人发展他的脑，亦即进化为人。”② 从动物性产生了人类性，而人类性还包含着动物性（哺乳动物的和爬行动物的）。因此，作为自然和文化的结合、人类性和动物性的交融，人性是复杂的。莫兰反对把人类化简为“制造工具的人”的技术性面孔和“智慧人”的理性面孔。他批判当时的人类学把智人的狂热表现或“疯狂性”看作人类童稚期的低能表现或一无可取的病态现象，而指出人类在本性上就是“智人”和“狂徒”的结合。他说：“21世纪将应抛弃用理性（‘智人’）、技术（‘制造工具的人’）、实用的活动（‘从事经济的人’）、注定的必然性（‘散文般的人’）来确定人类存在的片面的观点。人类存在

① 埃德加·莫兰．迷失的范式：人性研究．陈一壮，译．北京：北京大学出版社，1999：43－44.

② 同①68.

是复杂的，在他身上以两极分化的形式含有对立的特质：……理性的人同时是充满神话和妄想的感情的人；工作的人同时是游玩的人；注重经验的人同时是喜好想象的人；经济的人同时是消费的人；散文般的人同时是诗歌式的人，也就是说充满了热忱、同情、爱情、痴迷的人。”① 而且我们应当看到理智的人和狂热的人这两极不仅是对抗的，而且也是相互补充和促进的。“狂徒”抑制但也推动“智人”的发展，因为思想、科学、艺术也曾被情感的深刻力量，被梦想、焦虑、欲望、畏惧、期望所浇灌。② 基于这一人性观，莫兰揭示了人性的全面发展的需要：人类存在并不是只靠理性和技术生活，从事经济的活动，追求功利的目的；人的非理性的方面，他的情感、想象力、欲望也使他投身于节庆、娱乐、狂想、享受、激情的活动。因此人类的生活必须一方面如阅读严谨、刻板的“散文”，另一方面如阅读热情、浪漫的“诗篇”。这些都是他们天分中的倾向。人类多方面的天性使他们具有多方面的需求，有向多种方向发展的可能性。执政者不能只见民众的理智倾向，而无

① 埃德加·莫兰．复杂性理论和教育问题．陈一壮，译．北京：北京大学出版社，2004：43-44.

② 同①46.

视他们的情感倾向；只注意他们的物质生活需求，而忽视他们的精神生活需求。莫兰说：全面的政治不仅要满足人的实践的理智的需要，也要满足人的心理的情感的需要，即社会生活应该不仅是散文式的，而且是诗歌式的。

现场社会学

莫兰在社会学领域里多角度、全方位地研究过大众传媒文化这一社会现象。他说：这种凭借报刊、电影、广播、电视在全世界传播的文化的产生是“第二次工业化：向形象和梦想进军的工业化。第二次殖民化，这次不再是水平展开的，而是垂直展开的：深入到人类灵魂的巨大的保留地”[①]。“通过它们，技术所实现的不间断的进步不仅致力于整治外部世界，而且钻进人的内部领域，在那里倾泻文化商品。当然，书籍、报纸早已是商品，但是文化和个人生活从未如此地进入商品和工业的流程，世界的梦呓从未被工业地生产和商业地销售。”[②] 它有以现代科学的发展为基础的技术发明做后盾，有现代资本主义的

① 埃德加·莫兰．时代精神：卷1．法文版：Bernard Grasset，1962：13；中文版：陈一壮，译．北京：北京大学出版社，2011：3.

② 同①法文版：13－14；中文版：3－4.

无孔不入的赢利追求做动力。正是现代资本主义把技术引向了文化（如发明了电影摄像机和放映机），导致了技术性的艺术和“文化工业”。报刊、电影、广播、电视的生产设备是轻型的，而生产出来的产品是超轻型的。这些产品被附着在纸张上、胶片上、磁带上或借助电波飞越，而在消费它们时是触摸不到的，因为这是心理消费。但这种无形的商品却有很好的营利性。大众文化的表现形式必须简单、明确、易懂，它讲述的故事以成功或美满的结局收场。这是因为大众文化的产品服从商品生产的规律，它追求攫取最普遍的大众，引致最大限度的消费。电影产业中的“明星体制”就是用于追求这种效果的，它极大地帮助了电影制造商扩大影片销售额。莫兰提到电影明星是“半人半神的存在”，明星的魔力来自观众在观赏电影时自身的投影—同化的心理学机制和影片的互动作用。影迷把他们向往的东西投影到影片角色表现的形象上，再把这种形象当作客观现实的东西，使自身同化于他们，从而发生现实世界和想象世界的交融以及影迷对明星的痴迷、崇拜。莫兰说：“影片，使生命二重化的机器，呼唤着体现在银幕上的关于英雄和爱情的神话，重新启动了使神产生的古老的同化和投影的想象的过程。”[1] 这是明星的人类学的根源。因此“明星如同神祇，既是一切又是空无”[2]。总之，工业技术在征服了原料和物质消费品之后又来征服人类的幻想和心灵。神祇被制造出来，神话变成了商品。“明星—神明和明星—商品是同一现实即20世纪资本主义文明阶段的人的需要的两个方面。”[3]

莫兰提出“现场社会学”“临床社会学”“社会学诊断”，用社会学研究来诊断进入福利社会的西方发达资本主义社会的社会问题。资本主义社会由于经济和技术的巨大发展进入了福利社会的阶段，福利社会的建立给予工薪阶层种种社会保障（医疗、失业、退休等保险），使他们不必为基本的生活条件担心，从而追求一种满足个人需要的好生活。幸福的观念在个人主义的文明中上升到顶点。现代资本主义社会把一切价值都汇聚到私人个人主义之中，使往昔的民族主义的、宗教的、家庭的意识都萎缩了，造成一个由原子化的个人组成的无机的、松散的社会。在注重发展舒适、福利、私人生活的经济社会运动中，政治活动减少了。马克思关于无产阶级历史使命的观点似

① 埃德加·莫兰．电影或想象中的人．法文版．Minuit，1956：92.

② 同①.

③ 同①102.

乎已经过时，在社会发展的现实阶段，工薪人员不会提出权力要求，他们要求的是福利、平安、消费和享受。由于资本主义的大众文化只强调社会中原子式的个人的幸福，只注意于不管过去也不顾将来的当前的快乐，鼓吹一些肤浅的享受，使人变成无根的流浪的存在，由此导致个人内心的不平衡从而产生空虚和苦恼，引起在现代西方充满了吸毒、离婚、自杀等等社会现象，还时而发生由于青年学生的不满引发的反抗运动。这使得幸福的神话又变成了幸福的问题，甚至幸福的危机。西方福利社会的进展好似一柄双刃剑在运作，既带来了积极方面，又带来了消极方面。对于生活在资本主义社会中的人们所遭受的人性的迷茫和痛苦，它只是做了转移而没有消除。在巨大的空虚中，一个古老的问题在探询答案：在摆脱了谋生的强制状态后，人能够、应该运用他的生命来做些什么？人生的意义是什么？这事关实现人的价值的问题。进入了现代资本主义社会的一个新阶段，这还不是决定性地克服人类的问题和危机的社会，而是引起新的问题和危机的社会。

人本政治学

莫兰提出了“人本政治学”，这是“符合人性全面发展的需要的政治”，“以人本身为中心、为目标的政治”，为此他批判了在当代被视为楷模的以经济-技术为根本而忽视人性的发展的西方文明的种种弊病。现在政治的无能首先表现在只抓社会生活的技术-经济方面，各国的政治家都是把发展经济作为政治的首要任务：提高国民经济生产总值，或提高其增长率。莫兰说：这使得政治完全被经济吞没、依附于经济。西方资本主义追求获取利润的唯经济主义的发展使人类陷入个人主义的消费主义的泥淖中，金钱和物欲统治了一切。“发展”现在是资本主义政治的主要概念，但它还只是关系到经济的发展，并没有关于人本身的发展的蓝图。结果经济的发展蕴含着人本身的不发展。现在，当第三世界使经济不发展的问题涌现于意识中时，在西方，经济的发展却开始揭示出情感的、心理的、道德的、人类存在的令人惊异的不发展。饱足的社会的爱情上的缺乏，富裕的社会的精神上的贫困，繁荣的社会的心理上的失落，将越来越呈现在意识中。存在着一种人的穷困，它不随生理和物质的穷困的减少而减少，反而跟随着富裕和闲暇的增加而增加。现在资本主义各国政治遭受技术-经济思想的侵入而变成技术专家和经济专家的，这导致了对人类社会现实的多样性和多维度的茫然。资本主义社会怀抱着经济无限增长的期望，殊不知工业发展超过一定限度会毒害生物圈和整个人类的生存环境，其实我们正在遭受着人类历史上前所未有的生态危机。莫兰是法国追求民主社会主义制度的左翼知识分子，根本反对社会生产见物不见人，重视经济而忽视环境。他说："现在，到处是普遍的技术化、普遍的工业化、普遍的城市化连带它们产生的正反两方面的效果，人们尚不知哪一种效果将占上风。"① 既然由资产阶级文明的技术官僚机构奉为至宝的增长和发展的原则，会通过摧毁生态系统而导致文明的自我毁灭，既然工业的指数增长只是自杀，那就应当放慢经济的增长，而把给予技术和经济的优先权给予人本身。政治应该从属于人，使政治变成人的政治。发展的概念本身应该被发展。莫兰提出了"人的整体的和多方面的发展的概念"。人的发展不应从我们此刻的向往出发来设计，它应该相反地从对人类永恒的、基本的向往的批评的考察出发。"真正地生活，更好地生活。"这意味着什么？在相互理解、友爱和同情中生活；在不被剥削、侮辱

① 埃德加·莫兰．地球—祖国．法文版：Seuil，1993：94；中文版：马胜利，译．北京：三联书店，1997：83.

和鄙视的条件下生活。这意味着发展的目标从属于伦理学的绝对律令；经济的东西应该由人类—伦理学的规范来控制和定向。人本政治应该具有多方面的职能从而满足人们包含生、老、病、死等多方面和多层次的需要，因此资产阶级的福利政治没有被完全否定，它只是严重不足。它缺乏一个中央核心。这个核心是什么？生活的意义应作为根本的因而是革命的问题提出来：发展人类存在，人类个人间相互关系和社会存在构成处于世界中的人的政治之目的本身。

全球化时代的思想家

莫兰还发表了一系列社会政治评论或政治哲学著作，从1965年发表的《人本政治导言》到1997年发表的《文明的政治》，表现出他很早就开始具有的全球性目光变得越来越强劲、深刻，以至于可以说他是国际主义或世界主义的思想家。他早年服膺马克思主义时接受了国际共产主义的理想并保持下来。自20世纪六七十年代起他受到全球范围内的学术邀请参加国际会议或讲学，这使他发现和爱上了，首先是南北美洲，然后是亚洲，各地美丽的自然景观和独特、绚烂的文化风貌，让他强烈地感受到“世界的每个文化、每个民族都有某种特别可爱之处”。当然，最重要的是，他理智地看到经济和科技的发展使世界愈益连接为不可分割的整体，由此他指出现在全球人类具有同生共死的共同命运。但是，由西方的片面的发展模式所带动的全球化过程把人类导入危险的境地，经济的发展伴随着剧烈的民族、地区冲突，必须解决全球化中出现的难题，实行以人为本的政治。

现有的全球化主要指的是从 20 世纪末叶起由于商品、服务和资本、技术的国际流动更加自由、快速而引起的全球市场的形成，它实际上是“经济自由主义的全球化”。这表现为企业可以自由地向存在廉价劳动力的地区迁移和资本在全球范围内投机的自由，实质上是资本主义生产方式在全世界的扩张。这个全球化蕴含着深刻的两面性：一方面它使人类处于更加亲密的交往和相互依存中，另一方面它引起新的剥削、矛盾和破坏。比如，发达国家的资本自由流入发展中国家，对那里的廉价劳动力进行无度的剥削；而发展中国家生产的大量廉价商品向发达国家倾销，又威胁着发达国家的经济生产和它们的劳动者的社会保障制度……这个全球化已经导致某些危机的产生，并蕴藏着更大的危机。代替不良的全球化的当然不是“非全球化”即中断或减少国际的交流，而是修正、减速、调节和控制当前的经济全球化。莫兰为此做了具体的设想。宜于建立一个指导全球化的国际管理和决策机构，如同联合国的安全理事会那样，它致力于审察全球化所提出的经济、社会和文化的问题（可通过分别建立相关的委员会来掌握情况和制订政策）及其相互关系。指导这个最高层调节机构的应是地球公民的爱国心和责任感，它应当被世界各国政府和人民所接受。莫兰还设想了作为全球化前景的政治组织：具有相对自主性的各国结成的联邦或邦联（首先以现在欧洲共同体的模式为范本）。我们不仅应该用遵循自主—联合的双重原则的复杂性方式来组织未来的政治体制，而且应该用兼顾“多中之一”和“一中之多”两重标准的复杂性观念来指导未来世界文化的建设事业，使维护民族文化的多样性和发展人类文化的统一性这两者并行不悖。另外在人民的意识中还要培养多重性的认同，即既认识到他们归属于各自的民族、国家，又认识到他们归属于具有共同起源的人类和体现了他们今后共同的命运的地球共同体。总之，全球性的整体责任心、邦联组织措施的推进、建立全球化的世界性决策机构、改革思想方法和培养对于“地球—祖国”的意识和感情，这些都是实现新型的全球化的重要措施。①

对于人类当前形势，莫兰持有与常人所抱观点迥异的看法。他认为人类当前不是处于黄金时代的门口，而是处于“全球纪元的铁器时代”的中心；不是处于文化昌明的世纪，而是处于人类精神的史前期。“全球纪元的铁器时代”这个概念的基本含义就是：经济和技术的发展已使全球发展为一个相互依存、密不可分的整体，但是不相适应的政治势力和思想观念还在统治着人类，导致人类间彼此敌对以致互相厮杀，如 20 世纪的两次世界大战以及至今没有止息的各种地区性冲突，显示了文明时代所包含的野蛮。这表明人类的生活现实已进入了“全球时代”的新的历史阶段，而人类意识却还停留在如“史前期”一样落后，不能使一个新的真正亲密相依的整体化的人类诞生出来。在 1981 年出版的《为着走出 20 世纪》一书中莫兰进一步提出：“全球铁器时代锻造人类。与古昔的铁器时代的区别是，在其中锻造了技术文明的那个铁器时代本身不包含着消灭人类的威胁，而在它的当今形式中，极端发达的技术使

① 埃德加·莫兰，等．文明的政治．法文版．Arléa，1997：119－120.

得其既可能产生这个新的铁器时代的全球性人类，又可能带来他的末日式毁灭。这意味着我们应该准备绝望和期望。一方面，人类的终结可能临近了；另一方面，人类的新诞生是可能的。”① 这也就是说古昔的铁器时代不会毁灭人类并且它还创造了文明，而在当今的铁器时代里，由于人类掌握了十分强大的并且还在不断发展的可以毁灭世界的技术手段如核武器，如果人类利用它们来彼此争斗，可能导致人类的自我毁灭。所以莫兰认为人类社会当前愈益陷入深刻的危机之中，处于垂危的状态。他在《文明的政治》一书中收录了专门论述全球化问题的文章，题为《全球化：人类最终的幸运还是厄运?》，曾说道：“全球化同时是挑战、机遇和威胁。”这不排斥人类社会也存在着通过革命性变革实现新生的可能性。这个革命全靠世界上每个国家、每个地区、每个部门的每个人发挥自主性和主观能动性，进行自觉的努力，在认清世界的形势和自己的命运的条件下，首先实现自身思想意识的革命，来逐步达到“使地球文明化”。为此，莫兰在他 1993 年出版的《地球—祖国》一书中呼吁具有共同起源、共同命运并将共同沉沦（因为地球上的生命

① 埃德加．莫兰．为着走出 20 世纪．法文版．Fernand Nathan，1981：358.

不可能永远存在下去）的各国人民为认同共同的祖国——地球、实现“地球公民籍”而斗争。思想意识的革命除了人类学的、伦理学的以外当然还有认识论的，这要求把简单性思维方式改造为复杂性思维方式。进步的人类应结成“人类命运共同体”，努力实现由新生的人道主义精神主导的伦理—文化—社会的全球化，用这个新的全球化来伴随和引领前一个经济—科学—技术的全球化，这样将给人类带来新生的机遇，使人类走上光明的前途。

陈一壮

2020 年 7 月

目　录

第1章

人类和个人-社会-族类的三位一体

1. 人是什么?

这个引起所有人关注的问题，在我们的无论是小学的、中学的还是大学的教育系统中都没有得到很好的解答。虽然存在着一门称为“人类学”的学科，但它只限于研究所谓“尚无文字”的古代社会。

而在 19 世纪，“人类学”这个动听的词还可以表示一种包含有关人类的不同知识（包括生物学和物理学）的认识。而在今天，人类无论在其统一性方面还是多样性方面，都被我们的认识和学校教育所遮掩、无视、遗忘。法语词“homme”用于表示人是一个适当的却不完满的词。因为首先，它表示个人时排除了社会；其次，它可以是中性的，但还是具有“男人”的含义，因此在某种程度上遮蔽了女性。

因此，相对于“homme”一词，我更喜欢使用法语词“humain”。此词兼有“人”“人类”的灵活含义。

2. 人的定义是三位一体的

人的第一个定义是三位一体的，因为它的含义不仅包含个人，而且还包含人类社会和生物族类即人种。我强调这个三位一体性，是为了表明在这三个方面之间存在着不可分割的联系。我们不能说人是33％的个人的、33％的社会的、33％的生物的，而应该说人是100％的个人的、100％的社会的、100％的生物的。为什么这么说？因为从社会的角度来看，人确实只是社会的一个微小元素；但是社会作为整体却从个人出生起就内在于他。因为文化、语言、风俗、观念在小孩的成长过程中被输入他的精神中，孩子是如此被社会抚育长大的。

这种整体存在于部分之中的说法并不奇怪，试想我们身体的每一个细胞（比如皮肤细胞）都包含了每个人所全部继承的人类的基因遗产。当然，皮肤仅仅是被表现出来的部分，是被实现了的这个细胞里的基因型，但是整体作为整体还是存在于这个部分中的。

3. 族类的繁殖

我们再来看一下个体与族类繁殖系统之间的关系。这个繁殖系统的持续，需要两个异性个体交合以产生一个后代，而这个后代本身又来持续这个过程。换言之，我们是一个人种繁殖过程的产物，但是我们同时又是这个繁殖过程的产生者，也就是说我们既是产物又是产生者。

由此引入另一个概念，即“圆环”（boucle）的概念，我叫它“回归”（récursive）。回归的圆环是这样一个过程，在其中产物对于产生它的过程又是必要的前提。这也就是说，人种的个别的产物对于人种繁殖本身是必不可少的。这样，我们又碰到了与在社会中发生的类似现象：个人作为社会的产物又产生社会。

社会是许多个人之间无数的相互作用的产物，但是它也包含一些特有的性质，如文化、语言、国家的权力。这些性质是根据我称之为“系统”的整体而存在的。系统的本质是：整体不是各个部分的相加，而是在整体的层次上由新的性质和性能所构成，这些新的性质和性能被称为“涌现”（émergence）。比如水分子具有构成它的氢原子和氧原子不具有的特有的新性质。再如生物存在，即使是一个细菌，虽然由物理-化学分子之间相互作用的整体构成，但是这个生物具有在物理-化学层次不存在的新性质，如自我繁殖、自我修复、认知等等的能力。

作为社会特性的语言和文化将被灌输到个人，并被个人融合于自身——这就使整体走入了部分。而这个整体又是不断地被个人间的相互作用所再生。如果有人用一颗特制的原子弹消灭社会，即使这颗炸弹使宏伟的历史建筑物如香榭丽舍宫、波旁宫、法国社会科学高等研究院和巴黎大学都完好无损，但是不再有人类存在，也就没有了社会。这是我们——许多个人——通过我们之间的相互作用再生，再生自己，再生社会。这还意味着社会产生了特有的人类个体，因为它通过赋予他们语言和文化这些社会要素使他们臻于完善。

因此，个人的、社会的和生物的这三个概念是不可分离的。其中一个没有另一个就不可能运转，这个三位一体的表面的简单性实际上掩盖了它们之间种种复杂的相互作用。但是，这个三位一体的人类在我们的学校教育中还是未知的。

4. 科学中对人类表达的缺失

我们的教育系统展示了人的基本的三个方面之间的可悲分离。人被分别在生物学的棱镜下和人类科学的棱镜下被教授。这方面最典型的实例表现在对人脑的处理上：人脑通过生物学，特别是神经学进行研究，而人的精神则属于心理学的范畴。我们看到，所谓的硬科学和人类科学分开来分析人的同一个组成部分。

同样地，在人类科学中个人和社会的关系也经常地被分解。社会学中的主导倾向是把个人看作几乎像木偶一样严格地被决定的：依赖于社会过程，其所在的社会条件，所属的阶级，所熟悉的习惯，等等。个人在社会学中趋于被化解。反过来，社会亦在心理学中被化解，社会心理学除外。后者是一种杂交的学科，尽其所能地把社会学和心理学这两个远离的领域糅合在一起。这种融汇如同发生在某些其他学科中的一样，这是由于在上一世纪发生的一些重大事变，从而引起学者们重新思考心理学和社会学之间的边界。

但是，总的来说，关于人类的科学是被箱格化的，彼此之间的联系是被极大地简化的，结果导致人的概念被完全消解。

把人类联结于生物学的努力不幸地是做了一些还原论的尝试。其所导致的贫乏化并不能说明人类存在的复杂特点。

让我们来考察一下社会生物学的状况。该学科力图通过在动物社会发生的事情，尤其是在动物的生物基因层次上发生的事情，来理解人类社会。它致力于识别由遗传基因决定的动物行为。如据牛津大学教授理查德·道金斯（Richard Dawkins）在《自私的基因》中所述，是基因支配我们——人类、个人、社会。我们只是表面现象、傀儡。从而我们达成这种观点：人只是具有神奇能力的化学大分子。此外，也存在着把人类社会化归为动物社会——如黑猩猩社会或狒狒社会——的尝试，但这显然都涉及一种简单化，因为它们不能说明人类社会的特殊方面。

肯定地，我们是灵长类动物，如同我们在物种中的近亲大猩猩。我们还从哺乳动物继承了母亲与其孩子间的亲情。我们也是脊椎动物。但不仅如此，因为我们首先是一个由细胞组织起来的整体，而我们的细胞是三四十亿年前在地球上出现的最初的活细胞的姐妹的后代。

换言之，我们在我们身上携有生命的历史。不是所有生物的历史，既然我们身上不含有昆虫的历史，我们在我们身上也不含有花朵、植物的历史，但是在我们身上含有可以追溯到最早的细胞的历史。

5. 我们与自然的联系曾被掩盖

我们产生上述有关意识是很晚的。对于人类和自然母亲的联系的意识存在于许多其他文化中，只是在西方世界的文化中这种联系成为被遮掩的对象。

第一个原因是宗教方面的，因为根据《圣经》人是被上帝按照自己的形象创造出来的。根据经文，人享有与其他一切动物分开被单独创造出来的特惠。基督教并教导，如果人信仰它，在死后会复活，继之以永恒的生命，而其他生物存在注定死后解体。在西方社会和文明发展的过程中，特别是在 17 世纪，关于人与自然分离的意识日益加强。

法国大哲学家笛卡尔（Descartes）说，动物是缺乏精神、缺乏灵魂的机器。他在具有精神的人和没有精神的动物之间做了根本的区分。他还预言：人将通过科学成为自然界的拥有者和支配者。

这个观念本身支撑了经济主义的、资本主义的、商品化的世界的整个发展过程，构成了西方文化的支配观念，并且持续存在到非常晚近的年代，直到包括马克思在内的一些思想家那里。但是马克思有过关于人的双重实质的意识，他在青年时代的著作中写过这个箴言："自然科学往后将包括关于人的科学，正像关于人的科学包括自然科学一样"①。我决定采纳这个箴言。

这意味着我们也被包含在这个自然之中。

6. 生态意识的涌现

需要等到 20 世纪末期，即从 1970 年开始，才有对于人类

① 马克思 . 1844 年经济学哲学手稿 . 北京：人民出版社，1985：85. ——译者注

与自然界之间存在的脐带式关系的理解显现出来，我们称之为生态意识。

生态意识——在此我不谈现有的生态政治运动，这个运动也多少附带谈到生态意识——是跟随一个围绕“生态系统”的概念发展起来的新科学出现的。生态系统是：在一个既定的区域中，在植物界、动物界、气候、地质、地理之间的相互作用，创造出的自发的、自我调节的组织系统。在地球上生态系统的整体构成了我们所说的生物圈。生物圈围绕着我们，我们曾经认为可以统治它和支配它。但是我们愈是支配它，我们愈是恶化它，我们愈是恶化了我们的生活条件。在这种关系中，我们愈是相信拥有自然，我们愈是被一种把我们推向极端——自我毁灭——的力量所驱使。

但是依靠生态意识我们又开始尝试认识，不仅是我们与生物自然界的联系，而且是与物理自然界的联系，后者关系到我们人类复杂存在的另一个方面。

人们发现生物存在从单细胞生物开始，都是完全由物理-化学物质构成的，这是 20 世纪最伟大的科学进展之一。这个发现使自然界中物理进化和生物进化之间的鸿沟被填平。1952

年，由美国科学家沃森（Watson）和英国科学家克里克（Crick）合作做出的发现开始，证明了遗传信息被记录在化学成分 DNA——脱氧核糖核酸上，这个信息又被核糖核酸（RNA）传输到蛋白质中。这个发现意味着原来一部分被人们称为“活力论者”（Vitaliste）的生物学家的想法是不能成立的，他们主张生命由富有生命力的特殊物质构成，而现在发现不存在根本区别于无机自然界的物质的生命物质。

这个发现与科学界中还原论者的立场也是相悖的。还原论者认为只需用物理-化学方法来解释生命现象，而无视生物的特殊性。生物是由蛋白质和核酸构成的物质的复杂组织，它使形成生命性质的特有属性涌现出来，这就是自我组织、自我繁殖和认知。因此如果说还原论者看起来在科学辩论中取胜了，其实他们像活力论者一样是失败者。

7. 物理-化学演化的历史故事

实际上取胜的是“组织主义论”（organisationnisme），由许多不同的要素构成的组织产生了人们称为“涌现”的现象，即新的性质、特性，有如我们前面提到的水分子的情况。生命不是一种实体物质，生命是种种涌现的总和。第一个生存的细胞通过一个组织上的革命形成，它达到了比大分子更复杂的组织的水平，使它能够自我繁殖、自我修复，并具有最低限度的认知能力，使它在环境中能够辨识危险或食物。关于生命出现的完全令人惊异的性质，今天仍有许多人在法国分子生物学家、诺贝尔奖获得者雅克·莫诺（Jacques Monod）[①] 之后，感到第一个生物存在的产生，是与像由一个猴子打字打出莎士比亚的诗作一样，是同样令人难以置信、极其罕见的事件。

有关这个主题，我们不久前得知：对于生物组织的构成所不可缺少的碳原子，产生于早于我们太阳的一个恒星的内部；在恒星炽热的大熔炉般的内部，有无数氦原子相互碰撞，有时可能发生三个氦原子撞击形成一个碳原子的情况。之后这个恒星的一部分被喷射出来，冷凝形成地球，在适宜的条件下碳原子和其他原子化合产生氨基酸高分子，后者形成蛋白质，并产

① 雅克·莫诺 1970 年出版了自然哲学著作《必然性和偶然性》，其中论述了偶然性的合理性，提出人是偶然性的产物。——译者注

生细胞、生物。

看到我们是由分子构成的，分子是由原子聚合形成的，原子又是由一些基本粒子聚合形成的，而这些基本粒子可能在宇宙产生的最初几秒钟就出现了，由此我们明白这个130亿年的宇宙的历史被蕴含在我们身上。整体以一定方式存在于局部之中。我们不知将走向何方的人类的冒险参与着我们也不知将走向何方的宇宙的冒险。

这向我们证实了全息原则：我们和宇宙是连接在一起的。我们构成我们的物理的、生物的、环宇的宇宙的一部分，同时我们又区别于这个宇宙，通过我们的文化、我们的意识、我们的作为生物和作为人类的双重本性，还有作为人类和作为宇宙生物（biocosmique）的双重本性。

第 2 章

人类个体

我们个人作为社会存在，社会通过它的文化、法律、语言、风俗存在于我们身上。因此个人存在和社会完全不可分离，这种关系是复杂的。

最近一次关于类属（genre）和性别（sexe）的辩论是很好的例子，它区分开两派人。一派人是生物学家，他们认为性别是从生理学上、解剖学上、心理意识上决定一个个人是男性还是女性的东西；另一派人则主张性别的区分来自文化。人类的存在是复杂的，既是类属的又是两性之一，而非只是这一个或那一个。问题也不在于说人50％是类属的和50％是性属的，不如说看到这两种构成成分在人身上的交错存在。

1. 什么是个人？

我们是由社会决定的，但是我们本身作为个人或个人的群体又可以改变社会，通过发明，通过政变，或通过革命。在这里，社会不应忘记它只是通过个人而存在，而个人也不能忘记他们只是通过社会充分实现了自己的人类存在。因此个人具有“主体”的身份，用法语表达就是 je（我）。我说 je（我），表明我是主体，单数第一人称。当我在说“我”时，我在自我肯定，把我置于世界的中心。说我就是做了一个以自我为中心的行动。重要的是要看到，所有人类存在和所有生物存在都在本身含有这个以自我为中心的原则，这个原则促使他（它）们自我防卫、自我保护、自我发展、自我进食以维持自己的生命，给予自身的存在以优先性。

但与这个肯定“我”的以自我为中心的原则还并存着另一个既互补又对立的原则，即关于 nous（我们）的原则。这个关于“我们”的观念，同样深深扎根在个人的心底，从他出生时显现。随着他来到世间，对被注视、温情、抚摸、摇晃的需要将发展为在一个家庭内部对父母、对兄弟姐妹眷恋的感情。以后这种感情还会扩展到更大的范围，成为对待祖国、党派、宗教、朋友、所爱的人的感情。个人的生活就是不断地从“我”过渡到“我们”和从“我们”过渡到“我”的两极之间的运动。一方面，个人为了“我们”自我牺牲，以保卫自己的亲人、国家、政治见解、宗教，等等；而另一方面，“我们”被牺牲，为了“我”的生存或物质利益忘却或不顾其他人。

在我们文明的当前历史时刻，我们处于“我”的观念即个人主义过分发展的形势中。个人主义包含自主性、责任性这些积极方面，也包含利己主义、缺乏互助精神这些消极方面。人的深刻向往，无论他是否自我意识到，都是在一个“我们”中充分发展他的“我”。掌握这个两极间的关系，是理解个人的主观性所绝对必要的。

2. 从智人到游戏人

在古人类学中，人们把人类个人定义为智人（Homo sapiens），也就是说人是具有理智或理性的人。无可争议的是，理性（合理性）是在人类历史过程中发展起来的。但是智人只是人性的一极，人性的另一极是狂人（Homo demens），疯狂的人。

发狂、疯狂不仅仅是被送进精神病院进行治疗的病人的极端情况，发狂、疯狂出现在我们每一个发火、暴怒或狂妄自大的行为中。古希腊人把这称为 hybris，意谓过度的追求，征服者毫无节制的野心，比如成吉思汗、拿破仑、希特勒等。在智人和狂人两极之间，存在着情感性、感情。根据美国神经科学权威安东尼奥·达马西奥（Antonio Damasio）和法国演员让-迪迪埃·文森特（Jean-Didier Vincent）所做的大脑照相术得出一个重要的发现，表明当人有一个理智中心在运行时，他同时启动了一个情感中心。这就是说，没有无情感的理性。比如说，一个只搞数学研究的数学家具有对这门科学的热情。一个纯粹的理性将处于疯狂的边缘，因为这将是一个没有任何感情的冰冷的逻辑。在理性的一极和狂热或疯狂的一极之间，显然是情感性在运行。情感根据其强烈程度，趋向两极中之一。如果情感极其强烈，没有被理性控制住，我们就处于狂热中。热情是这方面一个很好的例子。爱情可以是充满激情的，但是如果没有一点点理性的照明，这个爱情就会变为狂热。并不是热情变为狂热，而是缺乏理性和热情两极之间的相互作用与调控。因此关于人类的行为，最好的方式是遵循下述格言：没有无热情的理性（特别是无友谊、爱情方面的热情）；没有无理性的热情。生活可能是在这种辩证法的困难和棘手的问题中破浪前行的。

从其一定的进化阶段起，人类又被从他们的技术天分出发定义为 Homo faber，即生产者和使用工具的人。但是从人类的史前史起，在我们更早的猿人近亲尼安德特人（Neandertal）身上就开始发现了信仰的痕迹；这个信仰可以称为神秘的或宗教的意识。因为尼安德特人把死者和食物还有武器一起埋葬，这意味着他们认为人在死后将进行另一种生活——幽灵的、副身（double）的或鬼魂的生活。在另一种情况下，死者的躯体呈蜷曲态像一个胎儿的样子，好像预示着他将再生。在我写的书《人和死亡》[1] 中，我探讨了人类初始的信仰问题。信仰之一就是：在我们死后有我们的幽灵，非物质性的副身还存活着。在古老的文明如古希腊的文明中，这些幽灵生活在死者的王国即地狱中。古希腊神话中的战神、最耀眼的战无不胜的英雄阿基里斯（Achille）死后生活在地狱里，过着一种非常贫穷、困苦的生活，当伊塔克的国王尤利西斯（Ulysse）来访问他的时候，他向国王说："我宁可作为一个穷鞋匠生活在世界，

---

① 埃德加・莫兰．人和死亡．Correa（初版），1951；Seuil（再版），1976．没有标注"译者注"的均为原注。

也不愿意在地狱里做一个伟大的、最耀眼的阿基里斯。”

在印度的宗教以及亚洲其他地区的宗教中，关于人死后不断在新的生命中再生的信仰采取其他形式发展起来。此后出现了关于灵魂得救和获得永生的宗教，如在古罗马帝国开始盛行的基督教。现代最技术化的一些文明并未消除其宗教性的方面。我们甚至看到在美国这个当代最发达的国家里，上帝在宪法以及政治的和公民的生活中占据着十分重要的位置。技术并没有驱逐神话和宗教。我们甚至想到，随着人类的操控能力和技术手段变得愈是强大，他本身面对的痛苦、不幸和死亡变得愈是虚弱。因此，在当今的技术化世界里，许多宗教远未消失，而是经历了复兴。

神祇是一定的人类精神体的共同产物，如古罗马时期在中东诸多地区被腓力基人崇拜的司爱情和生育的女神亚斯塔蒂（Astarté），约公元前3000年前起源于阿拉伯半岛的游牧民族闪米特人的火神莫洛克（Moloch），还有我们当代的神祇，等等。非常奇异的是，神祇的存在是由人类的精神把它们创设并滋养出来，但是它们变成了高于和外在于它们的创设者的东西。它们具有可怖的力量，它们统治我们，向我们发布命令，指示我们为了它们杀人或自我牺牲。人类精神创造了一个精神圈（noosphere），一个精神事物的领域，这些精神存在获得了绝对的和至上的现实性。我们可以说：人的观念、意识形态能够对我们拥有同样的权能，向我们发号命令和规定我们的义务。换句话说，人的相信神话的方面与他的创造了许多惊人发明的掌握技术的方面同样令人吃惊。因此，我们不能把制造工具的人和相信宗教或神话的人分割开来。

历史的演变和进步导致从 18 世纪起人们提出了另一个关于人的定义："经济人"（Homo economicus）。这符合我们现在所处的个人的、私人的利益变得越来越重要的文明的形势，特别是政治几乎被经济吞没，依附于经济。这不是什么随便的经济，而是专门有关私人物质利益的经济。但是，人性的另一个方面又摇动着这个断定，根据荷兰语言学家和历史学家约翰·赫伊津哈（Johan Huizinga）的表达，人是游戏人（Homo ludens）。人们在游戏中并不仅仅是为了取胜，也不仅仅是为了赚钱，有时要冒着失去一切的风险。所以人是为了游戏而游戏。法国社会学家乔治·巴塔耶（George Bataille）在他出色的《受诅咒的部分》一书中，揭示经济生活中隐藏的方面时使用的“耗费”（dépense）一词所指称的东西。他指出不是只有普通的“消费”（consommation），还存在着“耗尽”（consumation）的欲望——人们狂热地追求快乐、自我刺激。人们在看一场足球赛、一个动人的戏剧表演、一部电影或欢度节庆时，都会表现出这种自我陶醉的本能。这是人类存在的与“经济人”同样基本的方面，但却为当今的政治家视若无睹。在此，人性的新的复杂性向我们显示出来。我们应该以新的方式全面地审视人：智人，制造工具的人，经济人，狂人，信仰宗教的人，相信神话的人，游戏人，从而得出对于理解个人本性的丰富内涵必不可少的两极性的概念。

3. 生活的散文方面和诗歌方面①

生活的散文的一极统领我们为了生存、为了维持生命不得

① 这是个比喻式的说法。生活的散文方面就是为了谋生刻苦劳作的方面，虽然乏味，但是必要的。生活的诗歌方面就如欣赏艺术、美景，沉入友谊、爱情，享受物质上和精神上的美好事物带来的乐趣，怡悦性情，开阔心胸，体现了生活的甜美方面。——译者注

不从事的一切活动。还存在着生活的诗歌的一极，这是一个个人充分地自我发展的领域，人们在这个领域里情感交融，享受着和谐和快乐的时刻。这就是产生爱情、友谊、欢乐的时刻。这才是生活，如诗地生活，而全部的散文部分只是使我们能够生存。吃饭保持生命可能只是散文式的，而讲究食物的品质、烹饪方式、和友人同餐欢谈，会产生使进餐诗歌化的乐趣。所有给我们带来美的感受或优质感觉的东西都促进生活的诗歌般的品质。

我们可以理解：人类的问题不仅是能够通过其劳动得以生存，而且也是能够通过劳动自我充分发展和如诗地生活。我们的政治思想不应再忽略人对于生活的诗意的需要。为了理解这个复杂的和双重的人类现实，我们应该打破教育制度建立起来的知识彼此分离和隔绝的状态。为了实现这一点，不仅应该汇合来自自然科学和人文科学的知识，而且应该考虑到文学也是一个有力的认识手段。

小说，或者更确切地说人们称谓的“大小说”（grands romans），向我们表达了任何科学也不能表达的东西。它们向我们展现人们如何生活在他们的主观倾向中，在他们的感情中、思想中、环境中、关系中、情感交汇中、社会背景中，如同巴尔扎克（Balzac）所表现的；或在特定的历史背景中，如托尔斯泰（Tolstoi）在《战争与和平》中所表现的。俄国小说家陀思妥耶夫斯基（Dostoievski）和法国小说家普鲁斯特（Proust）也都表现了人类丰富的内在复杂性。大小说构成认识人类性的手段。因此不应把小说只看作美学享受的对象，它同样是理解的手段。在想象世界和现实世界的相互作用中有时想象世界帮助我们更好地认识现实世界，更好地生活于其中，具有对于人的清醒认识。这如同哲学家黑格尔所说的人对于被承认的需要。每个人都需要被其他人承认。这是一个基本需要，而艺术作品使我们明白这一点。在一个人生阶段即青少年时期，在精神对哲学感兴趣之前，是一些小说、一些诗篇（如法国诗人兰波的《地狱一季》）、一些电影影响着人们，因为它们向人们揭示了自身尚未意识到的真相。马龙·白兰度（Marlon Brando）和阿尔·帕西（Al Pacino）合作导演的电影三部曲《教父》向我们描述了一些成为罪犯的人物的生活。但是同时也揭示了这些人的慈父的感情，动人的友谊、爱情。这些都是复杂的存在。哲学家黑格尔曾讲："如果我称呼某个在生活中犯下一桩罪行的人为罪犯，那我就抹杀了他生活中其他的方面，而只考虑到这个犯罪的方面。”在大银幕上和舞台上，罪犯不仅仅是罪犯，而且也是人类。

在电影院里存在着观众全心投入剧情的现象，这时观众十分强烈地体验到对他们在平时生活中蔑视或无视的像叫花子、流浪汉之类人的理解和同情的感情。电影是启示器、唤醒器，它引发了人们崇高的感情。根据德国大哲人康德给予“崇高”的定义：“崇高的事物就是与它相比其他事物都显得渺小。”爱因斯坦说过：人们通过形象、隐喻到达观念。这就是说，观念已经被含有了，但还没有像观念那样表现出来。但是经过隐喻的形象，在一个关键时刻，人们被一个启示所震动、惊醒，启悟到本来存在于他们本身中或他们期待于自身的东西。

但是我们从电影或从像陀思妥耶夫斯基的小说《卡拉马佐夫兄弟》《罪与罚》中，从莎士比亚的戏剧中获得的人性，在我们离开戏院的座椅或电影放映厅，或合上书本重新回到我们的日常生活中时，就不幸地消失了。但是，超现实主义者（surréalistes）已经揭示了生活的诗歌的品质：诗歌并不仅仅存在于诗篇中，它也是我们生活的一个组成部分。诗篇只是了解、实现生活的诗歌品质的一种方式。德国诗人荷尔德林（Holderlin）说："人们如诗地生活在大地上。"这是一个优美的思想，但是具有片面性，散文式地生活在地球上的人们应该更多地如诗地生活在地球上。我可以举出我的朋友编剧斯特凡·埃塞尔（Stéphane Hessel）的例子来说明这个问题。他结束每一顿用餐之前，都要背诵法国诗人波德莱尔（Baudelaire）或阿波里奈尔（Apollinaire）的诗篇。对他来说，这不仅仅是背诵诗歌，也是表达他本性中的同样的方面——因为他如诗地度过了他的人生。

4. 人的唯一性和多重性

人性是非善非恶的。本性中蕴含着各种可能性。个人可能既有最优秀的品质又有最恶劣的品质，分别根据个人所遭遇的生活条件而表现出来。在存在着残暴统治、严刑拷打的地方很多人成为刽子手，而生活在另一个环境中他们可能是祥和的公民。很多会成为英雄、圣贤的人，如果他们出生在没有历史激变、社会动荡和人民抗争的条件下将不会变成那样。没有法国大革命的对敌斗争的风暴，罗伯斯庇尔、圣茹斯特、拿破仑不知道会成为什么样子的人物。如果我们认识到人性的复杂性，就可以理解为什么不能平庸地把人们看作纯粹的经济动物那样来治理，一味注重于测算国民生产总值、经济增长率。通过计算来认识人是极其有限的，因为这种认识显然忽略了人的感情、欢乐、爱情。人们无法计算爱情的多少、忧郁的多少。具有一种复杂的观念，这就是在自身深刻地拥有一种对于个人的更加人性化的看法，它使得人与人之间有相互理解的可能性。通常我们缺少这种可能性，因为我们倾向于自我确证正确，而把缺点、错误、过失、罪恶归于他人。具有更加人性化的观念，就是具有更加复杂的观念，后者要求我们看到个人统一性中的多重性和多样性，而不把一个人归结为其坏的方面。

如果我们不教导人们怎样认识自己，将存在一个极其严重的空白、极其有害的自我认识的缺陷。这成为对于我们本身和我们的生活产生错觉、幻想的最大根源之一。

在野蛮的世纪（包括我们新近的历史），人们无视其他人的人性，包括其他种族、其他起源或其他宗教的人的人性。这是未开化状态的重新开始……现在，对人性的复杂内涵的全面认识成为必要，它可以促进改善人类之间的关系。人类关系的野蛮状态不仅存在于不同种族和不同宗教之间，而且也出现在同一个办公室里、同一所大学中。当谩骂别人时，把他人视若猪、狗或垃圾。相互理解的敌人是冷漠、蔑视、憎恨。理解包含对于和我们具有共同的人性的他人的承认和友情，同时尊重他人与我们的不同之处。

如果我们能够探讨英国人所说的 self deception（自欺欺人），亦即蒙蔽自己的谎言，我们就开始走上正确的道路。如果我们觉悟到自身是有毛病、弱点、缺陷、错误的，就更能理解别人可能有毛病、弱点、缺陷、错误。

在学校里人们教导怎样认识，但是从未教导过人类认识是错误和幻觉的经常的来源，而人们还会把这些错误和幻觉看作确凿无疑的东西，甚至延续几个世纪。因此应该保有抵抗在人类历史上（包括在当代历史上）扩散的所有这些错误和幻觉的警惕意识，即使这种警惕性还不能消除所有的错误和幻觉。应该教育对人的认识，认识到人的不同方面——从最好的方面到最坏的方面。

教育是教育人们怎样面对生活。获得一个职位对于生活是重要的，于是要学习拼写、语法以及物理、化学的知识，这些知识都是很重要的。但是什么是更重要的？这就是尽可能少地误解事物或尽可能少地用幻想蒙蔽自己，无论在个人的生活中（如在婚姻和友谊的选择上），还是在职业生活或政治生活中。为此，就要求能够理解别人和使自己被别人所理解。因此，需要了解人性的复杂性，总是使自己的认识向环境开放，而不是自我封闭在关于所谓确凿的“真理”的认识中。今天，甚至最先进的科学（像微观物理学和宇宙物理学）都在迎接不确定性的挑战。我们的生活本身也是很不确定的，人类的未来也完全是如此。因此，教育应该包含着迎接不确定性的挑战。

第 3 章
人类的涌现

大约四十年前，法国一位重要的哲学家让-弗朗索瓦·利奥塔（Jean-Francois Lyotard）曾经宣布了他称为“大故事的终结”的时代。他针对的特别是马克思主义的故事——一个宏大的历史故事：人类社会从原始共产主义社会开始，到奴隶社会，再到封建社会，然后到资本主义社会，最后到共产主义社会。这个大故事终结的观念被很大数量的知识分子所接受，以至于他们鹦鹉学舌似地经常重复：“大故事终结了，大故事终结了”，好像既往只有割裂开来、彼此互不相关的历史碎片。但是现实出现了反论，连利奥塔本人也不否认，从1960年开始，一个更宏大的历史故事被构建出来：它从宇宙的起源讲起，经过生命的诞生，到从人类史前期开始的令人惊异的人类进化过程。

1. 从四足动物到两足动物

以前在人类历史和生物进化史之间横亘着一条巨大的鸿沟，学者们曾经制定了一些研究计划和方案以便说明经过一些断裂或跳跃，连续性还是可以建立起来的。对于生物进化史和人类历史之间的第一次接合大致起始于1960年，以南非人路易斯·利基（Louis Leakey）和玛丽·利基（Mary Leakey）夫妇的发现为标志，他们在现今的坦桑尼亚境内奥杜瓦伊（Olduvai）峡谷的地层中发现了距今180万年的一个原人化（即原始人化）的小型动物，被称为南方古猿（australopitheque）。从这以后人们发现越来越古远的原人化两足动物，依次名为：吕西（Lucy）、阿贝尔（Abel）、图迈（Toumai），等等。其中最后一个由法国古生物学家米歇尔·贝鲁内（Michel Brunet）在2001年发现，距今700万年，同样证明灵长类动物和人类之间的沟堑并不像人们曾经想象的那样巨大。这个发现使先前的假说遭到质疑，该假说认为猿猴的两足化归因于地球的气候变化，使森林缩小、草原扩大。从而我们的祖先失去了栖居在树上的安全性和森林中的丰富食物，不得不为了逃避危险而奔跑，并变成狩猎者捕捉猎物和制造工具。

从而得出如下结论：我们祖先的两足化、人类化和大脑形成都是在草原上发展起来的。实际上，我们现在可以说这些现象在森林中某些猿人身上已经开始，他们由于越来越灵活地使用双手，因此变成两足的而不再是四足的。这里关系到一个同时涉及手和脑的体质进化过程，导致发展了手、脑之间的相互作用关系。另一个十分重要的进化过程是在1920年代由解剖学家路易斯·博尔克（Louis Bolk）发现的“青春化”（juvénilisation）现象：成年男人表现出与黑猩猩婴儿的相似性——有笔直的额头，还没有下巴，毛发很少。成年男人还具有黑猩猩婴儿的特点：他性器官阴茎的包皮包裹了龟头，而在黑猩猩那里龟头不被包裹。我不敢肯定犹太人行割礼是否为了人工地延长自然界没有完成的工作，但它提出了一个让人感兴趣的问题。

2. 从灵长类社会到人类社会

在上一个世纪，关于动物社会学的研究曾迅速发展。人们了解了灵长类动物无论是狒狒还是黑猩猩和矮黑猩猩都生活在社会中。需要强调指出社会生活并不是人类特有的现象。像狼群也生活在社会中，它们联合起来捕捉猎物或者与威胁它们的捕食者战斗；在它们内部也存在着亲如兄弟的关系、友谊和争斗。如同有时在人类社会里，男性为了占有女性或取得男性统治者的地位而相互冲突。

英国动物学家珍妮·古道尔（Jane Goodall）曾经多年生活在黑猩猩的社会里进行观察，她发现了黑猩猩个体之间极其复杂的关系，特别注意到已经长到成年的儿子和母亲之间没有乱伦关系。另外，作为黑猩猩母亲的雌性伙伴的黑猩猩也会照料前者的幼儿，如同是自己所生。我们可以想象根据古希腊神话中关于俄狄浦斯（Œdipe）的故事，乱伦的禁律主要是针对母子之间的关系。因为这种可憎的乱伦是发生在俄狄浦斯和他母亲之间的。不过这种被憎厌到极点的乱伦，发生概率很稀少。况且，它甚至不存在于成年的黑猩猩与其母亲之间。但是，父女之间的乱伦的事实却处于另一种态势中。由于作为父亲的黑猩猩往往是家里的后来者，在此以前是舅舅在家庭中发挥着父亲的作用。因此父亲作为一个外方人出现，这个外方人可能产生并常常产生和他们的女儿性交的欲望。因此，关于父女乱伦的戒律，虽然在相当一些地方悄悄地存在，但其缘于要求在其他部落寻求雄性或雌性配偶的婚姻规则。这是一种建立在经过考虑的异族通婚原则上的实践。异族通婚的规则和其他一些先后出现的规则共同发挥社会组织的作用，其他规则如在捕捉到大猎物时共同分配食物。共同分配女性和共同分配猎物是初期的人类共同体的两大基石。

越来越多地，人们通过生活于动物环境中的实地观察，发现在矮黑猩猩之中，有一代一代传承某些行为方式的现象，这构成了原始的文化。如日本人种学家在长期研究生活于九州岛上的猕猴群时发现了这个文化现象。这些生活在森林边缘的猕猴习惯于吃植物块根，一次一个猕猴不小心让手中拿着的块根掉入海水中，当它把块根捡起来吃的时候，感到惬意的咸味。从这以后它就经常地把从地下挖出的植物块根拿到海水里去浸泡或清洗。它的年轻的同伴仿效它的做法。直到老一代猕猴去世后，所有的猕猴不仅用海水清洗块根，而且在海水中发现了小的甲壳类、贝壳类、虾等新的食物。

直到20世纪中叶，科学家们试图教会黑猩猩讲话但是没有成功。加德纳（Gardner）夫妇用示意动作教授语言给一个他们起名为瓦舒（Washoe）的年轻雌性黑猩猩，给予它一个基本词汇表上的60个单词。终于他们能够通过这个简单的手势语与瓦舒进行某种交流。这个黑猩猩找到了表达它心理的隐喻方式。他们教过瓦舒“脏”这个词的手势语，一天瓦舒对一个它不高兴的人表示：“脏家伙！”在渐次出现尼安德特人和智人的进化过程中，人类社会愈益与语言、文化和神话联系起来。

灵长类社会变成人类社会通过了基因突变，脑体积增大，创造两重连接的语言[①]，发展工具，控制火的使用，产生理性和神话。

某些学者认为，原人时代的社会是极其自由的，同时又是社群式的，那时没有后来文明史中的国家、部族、等级制所强加的约束。他们认为我们可能保持着对这个既自由又共存的社会的怀念，所以产生了这种梦想：在我们的社会历史中先是失去乐园，后是找回乐园（这种期望最后升华到共产主义思想中）。

我们尚不知道什么时候出现了我们现在使用的两重连接的语言，这种语言使用没有含义的音素，而把这些音素组合起来

---

① 指语言中不同的音素以不同的方式连接为不同的单词，而不同的单词又以不同的方式连接为不同的句子。——译者注

构成具有含义的单元。这种语言在人类史上曾经是全新的，因为它代替了以前进行通信用的呼唤、喊叫的系统，这个系统由单音节音素构成，原人可以重复这些单音节音素发出像“妈妈”或“爸爸”的声音（估计这两个词就是我们原始语言的童稚期的残余）。而现在，我们的语言产生了可以形成几乎是无限量的词汇的能力。这对于文化的发展、信息的传输、知识的获得、观念和感情的表达，都是必要的。现在我们知道，智人很早就能够航行，特别是前往大洋洲，到达澳大利亚。由于即使是近距离的航行也需要讲话，需要互相交流，所以那时人类应该已经能够有效地使用语言。

现在我们看到不仅我们是动物——灵长类动物、哺乳动物、脊椎动物，而且我们的人类史是从一个数百万年长的原人化过程中缓慢地发展过来的，对这段漫长的历史我们至今还有许多问题，存在着很多谜团。

一个同样的连续、断裂的进程也在生命世界和物理-化学物质世界之间建立起来。

第 4 章

人在宇宙中

雅克·莫诺在他的著作《偶然性和必然性》中写道："我们是宇宙中的茨冈人。"[①] 伊利亚·普利高津（Ilya Prigogine）的热力学理论使这种观点合理化了。该理论表明：在极不稳定的条件下，比如当水接近于沸腾时，某一临界点会出现人们称为"贝纳德（Bénard）漩涡"[②] 的现象。物理世界以多种方式产生有序的漩涡形式，比如我们会在河中看到由水下岩石或桥拱形成的漩涡。只要有足够量的水流量的供应，这种形状会保持相当的稳定性。这些漩涡是由水分子的流动构成的有组织的结构，正如生命也是由在我们身体中接续不断的分子和细胞的流动构成的。组织现象产生于科学家们所说的"非平衡态的物理学"的条件下。我们不知道在我们发现的外星上是否存在着生命，只是直到现在我们什么也没有发现。无论如何，生命是在地球上罕有的现象，因为物理-化学物质世界中只有很小一部分变成了生物，肯定在宇宙中也是

① 人类是宇宙中的流浪汉，他的发生和发展都充满了偶然性。——译者注

② 这是法国生理学家贝纳德发现的一种物理现象。一些液体由于受热不均或其他物理原因，出现表面张力不平衡引起的流动，产生漩涡。其实质是：漩涡边缘的表面张力高于漩涡中央的表面张力，引起液体从低表面张力区域流向高表面张力区域，亦即中心液体向上移动，边缘液体向下流动。形成一种有序的垂直漩涡，在表面上出现一种很有规则的六角形对流花样。这就是在无序世界中从热力学不平衡状态下通过分子运动产生的一个宏观有序的动态结构。——译者注

很稀少的。不过我们也有一些新的发现：一些比较复杂的组织可以进一步复杂化，像某些单细胞生物可以相互结合起来形成多细胞生物。重要的是，生物进化的故事可以延续到人类进化的故事中。而在较近的年代又出现了一个真实的关于物理-化学演化的故事。1924 年美国天文学家哈勃（Hubble）根据他关于来自遥远的恒星的光芒的研究，确定恒星之间在相互远离。这使他产生了宇宙出自一次诞生的观念，这个宇宙现在还在膨胀过程中。这个观念被关于围绕我们宇宙的同位素化石辐射所证实，这种辐射被解释为 130 亿年前的一次原初爆炸的残留物。那次宇宙爆炸被人们喻称为大爆炸（Big Bang）。

换言之，我们的宇宙是经历产生的。我们不知道这以前是什么情况：宇宙在空虚中产生的？从能量中产生的？我们现在所知的重要的是，我们所在的宇宙有诞生，它有一个历史。经过一个巨热阶段，基本粒子开始形成，然后基本粒子相互结合或相互摧毁。现在占统治地位的假说是，几乎从宇宙诞生起正物质粒子就摧毁了反物质粒子。相互结合的物质粒子形成了原子——开始时是最简单的氢原子，然后是复杂的原子。对生命的存在不可缺少的碳原子形成于我们现在的太阳之前的一个太阳的巨热熔炉中。在那个太阳爆炸时碳原子分散开来，以后又在其他行星——包括我们地球——上聚合起来。由此我们看到使宇宙史和生命史以及人类的诞生连接在一起的多种联系。

恒星的形成也是某种极不平常的事情。宇宙中已经形成了几十亿个恒星，而现在又有新的恒星形成。它们产生于一个令人惊异的过程：是万有引力使基本粒子组成的宇宙灰尘集结起来，同时产生不断增长的高热，直到爆发了大火。因此恒星就是一团火，这个火有一种爆炸的趋势。而万有引力有内爆的趋势。如此产生了数以十亿计的这些恒星，而这些恒星每个本身又具有数十亿年的寿命，伴随着无数的变故、星体碰撞等等。

在一个没有中心的宇宙里，存在着一个我们称为银河系的星系。在这个星系的边缘地带有一个小小的恒星，这就是我们的太阳。在围绕这个太阳运行的若干行星中，存在着我们的地球，生命在上面产生。这就是我们人类在宇宙中的处境。

1. 人类的诞生

人类是否应该产生？一些天体物理学家根据人择原理相信这一点，人择原理又包含强形式和弱形式两种。

弱人择原理，根据英国天体物理学家布兰登·卡特（Brandon Carter）所说："既然人类出现了，这表明从一开始他就有出现的可能性。"这只是一种同义反复。人择原理的强形式主张：人类适应地球存在的特定时刻才发展起来，这时地球停止频繁地发生火山爆发、地震等等而动荡不宁；人类开始发展也是在太阳 20 亿年前演化完成的时刻，因此这种观点还有 20 亿年的视野。人类的诞生既不很早，也不很晚。人择原理的持有者还特别指出：支配物理宇宙的规律，把原子连接起来的强相互作用力和弱相互作用力、万有引力、电磁力都以十分精确的方式配合有序，这使得宇宙趋向于组织起来，而不是注定在诞生不久就趋于溃散。某些相信宇宙不断走向复杂的目的论学者甚至宣称："正是有一个创造者希望人类出现。"我们不禁提问：为什么我们宇宙中的复杂性事物也表现得不那么稳定，它们同样会走向消散和死亡？为什么在宇宙中只有 4%的物质是有机物？为什么在生物演化过程和人类演化过程中也充满了灾变、流产、失败？

2. 有序-无序-组织的三联式

引起我们关注的是：在我们宇宙的存在、维持和演变中有一个三联式起着统领作用。这个三联式我称之为：有序、无序、组织。

（1）有序

有序的原则或动因使得原子、分子、星体和生物体能够被组织起来。它们是：万有引力、电磁相互作用力、原子中的强相互作用和弱相互作用。

（2）无序

热力学第二定律的核心就是存在着无序的原则或动因，这是任何系统瓦解或失序的原因，它最终会通过普遍化的离散导致宇宙的溃灭。英国作家艾略特（Eliot）有一个十分漂亮的诗句描写宇宙的终结："宇宙将在私语（chuchotement，英文为whisper）中死去。"

(3) 组织

组织的产生正是由于无序而发生的各种基本粒子和原子的相遇、汇合，从而根据有序的原则组织起来。我们可以说生命本身的诞生也是在无序的条件下，一些分子相遇，依据有序的原则，利用 DNA 蛋白质循环组织起来的生命漩涡。根据支持弦理论的天体物理学家的观点，可能存在着多重宇宙。在微观物理学中也存在着遵从和我们日常逻辑相悖的规则的神秘世界：一个基本粒子可以既是波动，又是微粒，即互相矛盾的两种实体。而这个微观物理学到处存在，即它构成了我们的宇宙和我们的身体的底层建筑。

我们应当自觉地意识到：构成我们身体的有机物质是边际性存在，它们只占宇宙物质总量的 4%，其余的都是黑色能量和人们所说的未知的黑色物质。因此我们面对的是一个愈来愈神秘的宇宙：我们的知识愈是进展，它愈是发现新的未知之物。总的来说，存在于各个星体上和我们行星上的物质，只占宇宙中的极少部分；如同生命在我们地球上、在整个宇宙的物质世界中都只占极少部分，这一点是确定无疑的。生命的出现是物理世界演化中的一次革命事变，而人类历史的出现又是生物世界演化中发生的一次革命事变。

在生物世界的演化中出现了多细胞生物、植物和动物。植物的进化导致了极其广泛的多样化，既有存活好几百年的巨杉，又有小草、小的苔藓。植物的发展阶段也是不同寻常的，比如出现了花朵；更难以预想到的是，这些花朵借助采蜜的昆虫以便使花粉散发出去。另外是动物的演化，在其中脊椎动物只占一小部分，非脊椎动物遍布世界，如昆虫等。在脊椎动物中，哺乳动物的发展也只占次要地位。远古巨大的素食动物——恐龙的灭绝可能是由于一场巨大的生态灾难，这场生态灾难可能是频繁的火山爆发，或者是天外巨星陨落在地球上使地球大气层在一个长时期变得黑暗，从而减少了植物的生长。作为小型的啮齿动物、小型的哺乳动物（亦即我们的祖先）在这一时期以吃死恐龙为生，这是当时十分丰富的食物，人类从而能够存在、发展。因此我们这些哺乳动物的后代的进化恐怕曾经得益于地球上的这个偶然变故。

偶然变故的问题也存在于物理世界的演化中，采取比如星球碰撞的、黑洞的形式。我们至少知道两次在生物进化史上具有标志性意义的巨大变故。一次是我前面讲到的发生在中生代的恐龙灭绝；另一次更为严重的变故发生在古生代，那时80％的生物物种被消灭了，在那以后生命在新的基础上重新建构。因此不仅是人类进化史被一些偶然的变故和灾难划分阶段。地球已经遭受过并还将可能遭受小行星、陨星的碰撞，使自己的存在被扰动。我们处于一个时而遭受偶然变故和随机事件影响的世界上，这是物质世界、生物世界和人类历史共有的命运。

3. 生命，创造性的现象

在生物进化史中，神经系统的产生，脑、肝、脾、翅膀、鳍的产生和发展，都是创造性的现象。在长时期中，生物学家憎恶特创论（créationisme），以至于仅仅因为这个理由憎恶“创造”这个词。然而创造性的现象在生命史和人类史中都是起关键性作用的。这是指一些突变，那时偶然性在其中发挥作用，但同时可能构成对于环境挑战的一次创新性回应。

植物通过光合作用创造了对太阳能的利用。它产生了氧，而氧气对于最初的生物——厌氧微生物是一种毒物，因为它引起后者的衰退、败坏、毁灭。动物生命的关键性创造就是把这种毒物转变为解毒剂。通过动物的呼吸系统，氧气进入动物的肺最后到达血液中，起着给细胞和血本身解毒的作用，由此变为动物生命不可缺少的东西。我们的哺乳动物先祖最初是水生动物，大概由于地面上水的消失或水位下降不得不完全脱离水生的环境而变成两栖动物，于是为适应在坚实的陆地上的生活，鳃从而变成了肺。还不要忘了飞行世界的现象，昆虫、鸟类，而我们人类是通过必须加以发明的机器才能飞行，因此我们终于能够飞行。由此看到生命是创造性的现象，它包含着灾变，也包含着我们长久遗忘的“共同演化”的概念。

多种多样的生物物种的共存创造了一个生态系统，这是一个自发的自我调节的系统，在不同的物种之间存在着我们叫

“营养链”的关系。食草动物以吃草为生，小的食肉动物以吃小的食草动物为生，大的食肉动物以吃小的食肉动物为生。而大的食肉动物在死亡解体之时又成为食尸昆虫的美餐，产生的矿物盐滋养着植物的根部。生命的循环也是死亡的循环，它滋养了生态系统。每个生物都被整合在生态系统中，它改变这个生态系统，又被这个生态系统所改变。

4. 人类出现，生物进化中的革命

生命出现曾是物质历史中的一个革命，那么人类出现又是生物进化史中的一个革命。自从智人（Homo sapiens）出现，我们就基本上停止了身体上的进化——如果我们的智齿再减少或消失，如果我们的毛发系统可能再减少一点，智人就成为和他五万年前差不多的样子。这时人类的进化主要是文化的、社会的、智力的，这些东西构成人类的新的方面。最初的人类社会出现时，是一些狩猎-采集者的社会。在这些小型的社会中，男人是打猎者，女人从事拾取、采摘和抚育孩子的工作。

美国人类学家马歇尔·萨林斯（Marshll Sahlins）关于非洲西南部卡拉哈里（Kalahali）沙漠的布须曼人（Bochimans）的研究表明，后者只用很少的时间打猎。当他们猎获一只长颈鹿后，因为已经有了几天的食物，他们就把剩下的时间用来商讨问题，给孩子们制作玩具和收拾住处。马歇尔·萨林斯自相矛盾地称这种社会为“富裕的原始社会”。这种社会因此是极其能生存的，极其能适应环境的。它们能够适应生活于严寒的地域（如伊努伊特人即美洲因纽特人）、赤道极其炎热的地带（如非洲和南美）和气候温和地区的季节轮替。这些十分适应环境的社会能够由于原住地食物减少而搬迁到其他地区。我们可以想象这时候在某些社会中出现了农业，而其他社会的流浪的狩猎者就变成了这些农业社会的掠夺者。根据德国社会学家弗兰茨·奥本海默（Franz Oppenheimer）的观点，这些掠夺者向被征服的社会征收贡物将构成国家的起源。

总而言之，在我们还很不了解的条件下，人类社会伴随着村庄、定居区、城市产生了，它还创造了社会阶级、影响广泛的宗教、巨大的建筑物，以及战争。当然，在狩猎-采集者社会之间曾有几乎成为惯例的频繁的小战争，而文明史社会间的战争不仅产生战利品，而且产生奴隶。文明史中的社会首先采取城邦的形式，然后演变为帝国，出现在中东、印度盆地、中国、美洲、现今的墨西哥和南美洲安第斯山脉一带。在安第斯山脉一带产生的印第安人的印加帝国是非常奇特的，它不知道马匹和轮子的应用，而巨大帝国的权力从赤道上的厄瓜多尔伸展到现今智利中南部土著马普切人（Mapuches）的住地，这些人还没有被其他人统治过。印加帝国具有它的法规、运行方式：每年每个村庄保留自己收获的三分之一，然后把三分之一交给印加王……当然，文明社会的存在使狩猎-采集者社会日益减少，后者目前只仅存于南美洲、亚洲、非洲的某些地方，并面临着灭亡或被改变命运的残酷状态。这是非常令人惋惜的，因为这类社会所具有的生活艺术，可能给予我们现代社会在团结互助的生活方式方面的很多教益。

人类承受实现这个社会转变的能力是惊人的。如果文明史社会只是诞生了一次（比如在作为人类古代文明发祥地之一的美索不达米亚平原），我们可以说这种事变是特殊的、偶然的。但是这个社会产生了五次。这表明人类本身的潜能允许这种社会在一定的生态的、人口的、技术的条件下发生。古代世界在亚洲、在印度、在中国的这些社会的历史都既是创造性的又是破坏性的。古代的所有帝国、所有文明最终都消失了。所以人类社会的这个方面是令人惊叹的：它们不仅能够演进，而且在这个并非直线式的演进中包含动荡、断裂、转化、质变。它们的诞生是由于古老的社会可能被一个统治者团聚、整合，后者向社会的成员征收贡赋，从而建立起了国家。总的来说，这些具有村庄、农业、国家、宗教、社会阶级、奴隶的文明史社会曾统治和折磨我们古代的先人。

在近代史上，又出现了值得注意的现象：在欧洲的西端——西班牙、葡萄牙、法国、英国产生了“民族国家”（État-nation）。一个民族（nation）显然大于一个城市，但又小于一个帝国。但它比一个帝国稳定，帝国统治着杂多的人口而不能使他们被整合在共同的身份认同之中。在西班牙、英国、法国的民族（国家）集合了在开始时异质的人口（比如在法国有阿尔萨斯人、弗来米人、巴斯克人等等），而随着时间的推移慢慢统一了这些不同的组成部分，并让这些组成部分保持各自的独特性。这些部分虽然失去了自主性，但是保留了它们的文化。即使以往各民族还没有完全被整合，比如在西班牙的卡塔卢尼亚（Catalogne）地区和巴斯克地区（Pays basque），在英国的苏格兰，在法国的科西嘉岛，都表现了自治的倾向，并发生了独立运动。但是民族国家表现得比帝国更加持久。所有帝国，包括近现代的都瓦解了，如奥斯曼帝国、奥匈帝国、沙皇帝国等。

而初起时较大的民族国家现在还很稳定，因为它们创造了随着主导语言发展起来的共有文化，这种文化还得益于学校的教育，还有关于“祖国”（Patrie）的观念。这个词本来是用在出生地、故乡上，后来扩展到民族国家，特别是由于法国大革命的推动。“祖国”一词具有父性的和母性的双重含义。母性的含义，即祖国母亲；父性的含义，即合法的权力。祖国，这是人们受之于母亲祖国的爱情和受之于国家权力的服从。一个民族国家是这样一个共同体，在那里成员在心理上感到彼此连接在一起，但是也存在着竞争、冲突、殴斗甚至发生内战的关系。共同体的存在在处于战争时期或困难时期时更强烈地被其成员感受到。那时感受到的是面对共同敌人时祖国的孩子们的手足之情。再比如说，当两个法国司机开车在亚洲相遇时，他们马上体验到一种手足之情。共同体精神中的“爱国的”力量特别是在观看足球赛的时候得到验证。我们所熟悉的特别是 1998 年世界杯足球赛中法国队获得大胜时，法国人表现出来的欢腾之情。

在人类经济、技术、科学发展进程的作用下，也在资本主义和世界化发展的作用下，民族国家的历史变成进展和危机不断地交替的历史。在 16 世纪，民族国家还是局限于欧洲几个国家的少数现象，但到了 20 世纪它扩展到了整个地球。但这些新的民族国家大多不遵循老的模式，而是想成为单一种族的或单一宗教的国家，于是开始了人类历史的悲剧。比如在生活着不同起源和信奉不同宗教的人们的奥斯曼帝国瓦解后，其中的主体南斯拉夫作为民族国家先要瓦解再完成建立民族国家的过程，于是到处引发少数族裔问题，宗教和种族清洗问题时有发生，有如 16 世纪在西班牙发生的情况。从 16 世纪开始，随着征服美洲和环球航行，人类文明史变成全球性的。依据我的观点，近代史不是如通常所说的始于 1453 年东罗马帝国君士坦丁堡（现土耳其伊斯坦布尔市）的陷落，而是开始于 1492 年发现美洲和环球旅行；然后在约 40 年后，哥白尼发现地球只是一个行星，而不是宇宙的中心。这时我们进入全球纪元。

从此不断地进展和不断的危机相互交替；进展，这总是破坏某种东西和创造某种东西。在人类历史上存在着与在生物历史上相似的一种进展过程：一种偏离常轨的倾向出现了，如果它巩固下来并得到发展，就会变成一股潮流，这股潮流会变成推动历史的力量，创造新东西的力量，在进步过程中发挥决定性作用的力量。

（1）异端在宗教史中的作用

我们在人类历史中考察一下宗教史。被尊称为佛陀的释迦牟尼曾是印度迦毗罗卫国（Siddhartha）的太子。在作为国教的吠陀教盛行的古印度，他是个离群索居的人，独自思索有关痛苦和人生的问题，从他的人生中产生了宗教。这个宗教在亚洲扩张开来，特别在中国、日本、朝鲜等国兴旺发展，这就是佛教。

耶稣基督也是一个在古罗马帝国统治时代希伯来人社会中处于边缘地位的异端分子。当时古犹太教内部各种教派盛行，如有法利赛派、撒都该派、本质派。耶稣是一个萨满教神职人员，人生悲惨结束。但是曾经参与迫害他的最初的一个弟子——扫罗（Saul），后来悔改信主皈依了他的教义，改名为保罗（Paul）。从保罗向世界传布的信息中产生了基督教，这个宗教不是局限于犹太教中所称的上帝的选民——以色列人，而是向世界上所有人开放。这个宗教取消了《圣经》中规定的重大的礼拜仪式和戒律，提出只需皈依教义，接受洗礼，不违反天意作恶，就可以进入天堂，亦即死后复活。身体的复活是对所有人存在的可能性。基督教被传播开来，公元 313 年君士坦丁大帝发布米兰敕令使之在罗马获得合法地位，公元 392 年被定为帝国国教。但是它也产生了异端流派，后者中有些被消灭，如法国的阿尔比教派（albigeois）；某些兴旺起来，如耶稣教或称新教（protestants），在德、英等国确立下来。

伊斯兰教的创立者——先知穆罕默德，他起先也是一个异端分子。先在目前沙特阿拉伯的圣城麦加被驱逐出来，不得不到麦地那避难。但是用了不多时间，他发布的信息就被传播开来。这变成了前所未有的历史力量，在亚洲、非洲和欧洲扩展。

（2）异端在经济、政治、工业和艺术的发展历史中的作用

如果我们来考察一下资本主义的发展，那么就会看到它开

始时是寄生在封建社会的机体上发展的，后来君主制度也帮助过它。当然这不是它发展的唯一方式。在威尼斯、米兰这样一些城邦，资本主义随着商业的发展而繁荣起来；在那里，商业活动先是沿着地中海开展，后来跨越了大西洋。在随后的世纪中，资本主义演变为统治性的经济力量。至于社会主义，开始时它是 19 世纪被人们称为空想社会主义者的几个孤立的思想家——如傅立叶（Fourier）、普鲁东（Proudhon）和卡尔·马克思提出来的思想。当时这些思想家，特别是马克思都没有得到知识界和教育界的承认。尽管马克思在《共产党宣言》中说“共产党人不是同其他工人政党相对立的特殊政党。他们没有任何同整个无产阶级的利益不同的利益”[①]，但是几年之后一个新型的政党——德国社会民主党诞生了，此后在许多国家出现了社会民主党，拥有很广泛的社会力量。最后出现了俄国的布尔什维克党，它是一个极少数派的党，但是利用第一次世界大战中沙皇俄国崩溃的时机夺取了政权。

我们再从近代技术的领域来考察，一切新技术都是从不起眼的、为数很少的异常事物开始的。1784 年英国人詹姆斯·

① 马克思恩格斯选集：第一卷．北京：人民出版社，2012：413.

瓦特（James Watt）发明蒸汽机的时候，人们也把这看作一个怪异的东西，但后来它被推广开了。再如在航空方面，是法国人克雷芒·阿德尔（Clément Ader）等被人们认为充满幻想的人造出了最早的飞机。电影由美国人托马斯·爱迪生（Thomas Edison）和法国人卢米埃尔（Lumière）兄弟发明，开始时也被人们认为不可思议。

历史从来不像一条主河道的流水那样照直朝前涌动。历史像一个螃蟹那样歪歪斜斜地前行，它往往借助偏离主河道的分支向前推进。这就是为什么发展很难预测，因为发展总是依赖一种革新或创造，如果这一革新没有被杀死在胚胎中的话，在它出现以前人们从来难以预测。革新者多被视为精神不正常的狂人，因为疯狂症确实存在着，所以人们难以判断所讲的狂人是真实的狂人还是虚假的狂人。

我们可以想象，一个高等外星生物在20亿年前驾驶着宇宙飞船来到我们地球，他看到一个充满火山爆发、海啸、地震的动荡不宁的行星。他会向他星球上的科学院写个报告说："这个星球上不会发生什么新东西，它注定处于一片动荡之中。"这个观察者还没有意识到在地球的流水中已经滋生了很多单细胞生物。一个新的观察者假定在好几百万年之后到达，距今一千年或两千年，他看到地球上的人类使用弓箭，会说："这个情况还不算坏，但是没有大前途。"这个观察者显然没有预见到地球上将有摩天大楼、宇宙飞船——虽然他自己有一个宇宙飞船。

5. 历史发展的难以预测性

由上可知，历史，特别是人类发展史具有这种难以预测的性质，人类的未来是难以预测的，充满了现在看来不大可能、革新性的事变。现在我们关于未来的观念包含着许多不确定性，存在着许多空白、谜团乃至神秘。

谜团和神秘的区别在于：谜团犹如在阅读一本侦探小说中感到的，最终将找到合理的解释。科学解决了许多谜团。而神秘是人们不能解决、无法理解的东西。比如：世界为什么是这个样子的？为什么世界还存在着某些事物而不是一片虚无？什么是人们最终能够破解的谜团？什么是我们的理智、思想、大脑永远无法解答的神秘？我们不知道。

但是一个整体性的思想还是可能的。这个思想要考虑到存在着这些谜团、神秘和似乎不可能的东西，考虑到我们关于宇宙和人类进化史的许多认识可能被新的发现、新的思想、新的理论加以修正。

总的来说，我们需要把我们自身在这个世界上定位或背景化；在把我们在世界上定位之前，要先把这个世界在它的环境中定位。因此我认为我们可以接受关于一个整体的大故事，这个故事包含着构成整体的各个要素，当然也包含着这个整体性认识的缺陷。

第 5 章

全球纪元

我认为人类史上的世界化在不同层级上发生过不止一次，真正的第一次世界化在文明的史前期就发生了。这是人类学定名为“智人”的物种即我们的祖先散居世界各地的情况。现在基本确定起源于非洲的我们的祖先向外迁徙到各个大陆，不仅到达了亚洲、欧洲、美洲，而且到达了大洋洲的一些岛屿和澳大利亚。散居各地的人类开始了极其多样化的发展。这种多样化的发展不是指这些同为狩猎-采集者社会的社会结构的多样性，而是说使它们彼此区分的文化上和语言上的多样性。适应不同的气候、地理条件，还使它们产生了各自不同的食物、服装、风俗以及特有的神话。

再一轮世界化标志着全球纪元的开始。我已讲过 1492 年是标志这个开端的准确时间。因为这时意大利著名航海家克里斯托弗·哥伦布（Christophe Colomb）到达了他原以为是印度而实际上是美洲的新大陆。这又是葡萄牙航海家麦哲伦（Magellan）和瓦斯科·达·伽马（Vasco de Gama）开始环球航行的时代。稍晚一些时候，哥白尼发现了地球只是围绕太阳运转的一颗行星。[1]

---

① 尼可拉斯·哥白尼．论天体的运转．1543.

这些重大发现导致先是在西班牙、葡萄牙，后是在法国、英国这些殖民列强急不可耐地进行殖民扩张，残酷无情的殖民统治扩展到整个世界。

全球纪元随着 20 世纪中的两次世界大战进入高潮期。在第二次世界大战结束后，殖民地和半殖民地国家展开了新的争取政治独立的运动。同时出现了新自由主义经济潮流，特别是从 1980 年代起，在美国总统罗纳德·里根（Ronald Reagan）和英国首相玛格丽特·撒切尔夫人（Margaret Thatcher）的政策的推动下蓬勃发展。所谓的市场经济，即资本主义经济，此后实际上将覆盖整个地球，包括中国。

20 世纪 90 年代，世界经济一体化逐步发展起来，同时远距离通信和技术-经济的飞跃发展把世界愈益紧密地连为一体，出现了又一个被很多人称为“全球化”的新一次世界化。

这看来是相互矛盾的，因为地球上这个技术-经济-通信一体化的过程又伴随着大国分裂为小国的所谓巴尔干现象的增长。苏联从内瓦解是一个最为突出的例子。稳定存在了半个多世纪的巨大的苏维埃帝国一时瓦解为许多独立的新国家如乌克兰、土库曼斯坦、白俄罗斯、格鲁吉亚、阿塞拜疆、亚美尼亚等，并发生了民族共同体之间的冲突。

南斯拉夫也爆裂了。它基本由南部斯拉夫人构成，但是它包含着起源于不同文化的多样性。它的人口基本上由两部分组成：起源于东正教拜占庭帝国的塞尔维亚人和起源于天主教奥地利帝国的克罗地亚人。虽然他们还是拥有无可置疑的语言上的统一性，但这不足以保障他们政治上的统一。于是爆发了残酷的手足相残的战争，不同的组成部分分离为不同的国家。

同时，捷克和斯洛伐克也分离开来，摧毁了过去看来相当稳定的捷克斯洛伐克共和国。而伊朗在1979年爆发了由什叶派领袖霍梅尼支持的伊斯兰教革命，这场运动导致了伊朗国的重新封闭。

这样我们看到了一个巨大的悖论：一方面是无可置疑的一体化趋势；另一方面是巴尔干化——一些本来统一的大国或中等国家裂解为小国。

这表明在文明西方化的基础上实施的技术-经济的一体化引起了旨在保持自身特征的不同文化的反抗。因此技术-经济的扩张包含着双重的运动。

1. 当世界化变成了全球化

为什么要使用“世界化”（mondialisation）和“全球化”（globalisation）两个词，尽管在盎格鲁-撒克逊世界人们主要使用“全球化”一词？我认为全球化代表着世界化的高级阶段，是世界化通向了全球化，因此应当把这两个词连接起来。世界化意味着世界各国相互交往、相互依赖的过程的扩展和加强，而这种扩展和加强创造了全球性的现实。在被包含的各国和全球性的现实之间存在着持续的作用和反作用。全球的形势影响着地区的状况，而一个局部地区的事件，如美国曼哈顿的两座世贸大楼被击溃，又在全球性的现实中引起反响，产生后果。全球性现实的影响不仅介入到每个国家的领土、经济、社会状况，而且深入到我们每一个人身上。也就是说世界作为世界存在于我身上，在我生活的每一个时刻。

想一想早晨起来我们打开日本造的收音机，选择收听不同频道播放的世界新闻，或者打开在亚洲某国组装起来的电视机。以后我们换上来自印度或埃及的棉制 T 恤衫，再穿上用澳大利亚羊毛在英国曼彻斯特市的工厂织就的套衫。吃早餐时从德国造的冰箱中拿出来自美洲或非洲的香蕉、鳄梨、菠萝。早饭后用芬兰、加拿大或美国造的智能手机打电话，然后使用一台在亚洲生产的美国牌电脑查阅信息。出行时驾驶一部韩国产的或在罗马尼亚生产的法国雷诺牌（Renault）小汽车，汽油来自沙特阿拉伯。午饭我们可以吃黎巴嫩的拌菜或者日本饭店做的生鱼片。晚饭吃新西兰的小羊肉和忘记了产地的中国细面条，加上来自南非的番茄酱。晚上看一部美国的电视连续剧消遣，然后在日本的松弛神经的后佛教音乐的催眠下入睡。你们之中可能会有人反驳我说：并不是所有地球上的人都这样度过一天，比如非洲人。我认为世界的现实还是存在于每一个非洲人身上，主要是以被剥夺的否定的形式。他们可能被迫离开原来居住的村落，被外国资本经营的工业化农业所驱逐，前往居住在大城市的贫民窟中。但是他们也会找到印着英文的旧 T 恤衫穿在身上，使用铝制的餐具吃饭，使用回收利用的材料搭建他们的棚屋、板房，可能还使用一些捡到的零件为自己装配一辆自行车……总之，在家里修修弄弄。这一切说明在这些人身上，以与我们不同的方式，也打着世界化的烙印。

2. 全球化的作用

全球化的进程包含着不可分离的三个方面：世界性联系、发展和西方化。法国企业家兼政治顾问、作者阿兰·明克（Alain Minc）写过一本书《幸福的全球化》（1997），现在残存着这种观点的支持者，但也存在着对于全球化的谴责者，以完全否定的方式提出“不幸的全球化”。

看来全球化中也存在着积极的方面，即在物质上、技术上、医疗上、经济上一定的进步，它们以很不平衡的方式出现在过去被称为“第三世界”的所有国家。因此，在中国、巴西等国形成了按西方标准生活的中产阶级。在这些地区过去决定孩子婚姻的无可争辩的家长的权力被削弱了。年轻的一代在他们的日常生活中获得了许多自由权利，不仅可以自行选择配偶，而且可以选择个人的职业生涯。妇女也多少摆脱了依附于男人的命运。在这些国家也出现了在民主制度方面的局部的、很不均衡的、有时是暂时的进步。

在这些国家中也发生了在个人主义方面的进展，这个进展有其积极的方面，就是使个人获得自主性和责任感。

全球化的负面影响，首先也是这种个人主义观念，其可以表现为利己主义，这种利己主义随着西方化的扩展而释放和泛滥，引起了第三世界各国原有的团结互助的传统被破坏。在这些国家中本来存在着一些大家庭，包含着许多孩子、老人、叔伯、叔母伯母、堂兄弟姐妹，大家住在一起共同对付穷困。在邻居之间也存在着自发的团结互助的网络，以抵抗不幸事件的侵袭。由于利己主义思想的渗透，这些团结互助精神趋于衰退。

旅游商业的发展加速了许多国家原有的淳朴的好客习俗的衰退，像地中海沿岸和非洲的一些国家的人民，已不再向外来访问者提供传统的热情留宿和款待，而是想着在不了解本地物品和货币的价值的旅游观光者身上谋利。

在原本存在压迫和剥削的地区涌现了资本主义的新型剥削，由属于西方的还有东亚如日本的跨国公司或大型企业操纵。利用童工在印度尼西亚、泰国等地相当流行。一些具有高雅名称的西方大公司，从苹果公司和许多经营成衣、时装的公司开始，都采用了这种剥削。

此外，第三世界国家的农业遭到了外国资本的殖民地化、工业化，招致这些国家丧失了生产粮食、蔬菜的自主性；而第三世界国家向各个消费国提供标准化的、乏味的产品（如摩洛哥温室生产的番茄），有些产品还覆盖着农药或其他有害物质。根据国际癌症研究中心（CIRC）的报告，“可能致癌的”美国跨国农业生物技术公司——孟山都（Monsanto）公司生产的转基因草甘膦除杂草剂和其他物质，已经散布在世界各地的粮田和菜园里。

同时，在受惠于全球化而繁荣起来的国家里，一方面形成了按西方标准生活的中产阶级，另一方面出现了贫穷人口大量地转变为穷困或者赤贫的现象。

伊朗思想家、联合国前官员马吉德·拉纳玛（Majid Rahncma）曾经建立了“贫穷”（pauvreté）和“穷困”（misère）之间的严格区别。贫穷是可以享有自尊的，如小农的贫穷。他们各种几亩地，实行不同作物的混作或轮作，饲养一两头山羊或母牛，虽然受制于气候或市场的波动而处于动荡不宁的命运中，但还保留着最小限度的自主性。在大城市的贫民窟中存在着无产阶级化了的人们的穷困。但是即使在贫民窟里，即使处于贫穷中，贫穷也可不陷入穷困，只要那里还继续存在着邻居之间、大家庭的亲属之间的亲善互助的关系；只要那里还有一些小企业，不是以营利为唯一目的，也追求名誉和友人的尊重，在那里人们讲求信用和互相信任。[①]

当我们注意到围绕拉丁美洲、亚洲、非洲的大城市的贫民窟区的带状地域时，我们就感到穷困的增长大大多于中产阶级受益的繁荣。因此，继续着的世界化——全球化——的进程是一个深刻的、不确定的双义性的进程。

如果我们把全球化的进程投影到时间过程中来考察，就会看见这是个完全失去控制的过程，特别在它的科学、技术、经济的发展方面。科学的发展是失控的。核物理学在起源时只是一种纯粹思辨的科学，但它后来获得了发明武器的能力并发明了核电站。这种发展的含义是十分含糊的或双义性的，化学的发展招致可能发展化学武器，今后还存在着操纵基因和操纵大

① 参阅摩洛哥人萨巴·阿布塞拉姆（Sabah Abouessalam）所做的研究，特别是其在巴黎第一大学的博士论文《在马拉克什（Marrakech）的都市贫穷和居民行为》。

脑的可能性。某些遗传学家已经卷入了工业营利的循环中。应该为人类健康服务的制药工业也逃避了控制，今日受到许多仅部分揭发出来的内部腐败所损害，其制造的药物其弊害可能大于益处。

由于干细胞的发现，出现了利好的消息：可能延长人的寿命造福于人的前景，但这个前景起码在开始时只能为富者和强者利用，如同在古埃及不死是保留给法老和贵族的。因此科学的发展是失控的。我们也可以说技术如同古希腊预言家伊索（Ésope）的舌头，可以为任何方面的人服务。它也是为压迫劳动者服务的，后者受到技术的控制以实现把持经济或政治的权力的人们的利益。

人类变得越来越为技术的发展服务，甚于技术为人类服务。今日所宣布或实行的依靠技术的发展实现的企业竞争性的提高，表现为企业成功地提高了大部分员工的生产任务而辞去一部分员工，或者用越来越智能化的机器人取代这一部分员工，由此造成了大量失业。

世界经济的发展也是完全失控的。与大部分官方经济学家在2008年以前预测的相反，世界经济遭受严重的危机，人们尚不知其后果如何。在这个经济的机体上滋生着一些肿瘤——投机的财政资本的控制。这类资本利用证券交易人谋利，而证券交易人则利用从国家证券交易所获取的信息对金钱或原料进行投机。

3. 大规模的城市化

法国在第二次世界大战时还是一个一半农村、一半城市的国家，现在国土很大部分成为城市，导致农村地区荒漠化的有害后果。工业化的农业和畜养业的发展损害了农场的农业和生态农业，表现出危害大于好处。人口统计学家预测，几十年后，人类的生存地 85％将被城市化。

将要发展起来的不仅是巨大的特大城市，或绵延几百公里的市区连续带如从东京到大阪，而且是壅塞不堪、令人窒息的城市。这些城市被只有工业化的农业和畜养业（包括鲑鱼、鳟鱼等的海洋养殖）的乡野所包围。工业化畜养牛、猪、鸡和快速养鱼，向饲养的家畜大量填塞增肥的食物、人类食物的残渣和抗生素，而海洋的污染加速恶化着野生鱼的健康和质量。

这一事件的核心问题就是破坏地球的生态系统。由于人类原因和自然原因引起的地球变暖的现象，通过南极和北极的冰层的融化显示出来。对生物多样性的损害，包括砍伐森林，致命地恶化了我们的生态系统。被污染的食品伤及我们饮食，威胁着我们的健康，以及中产阶级的消费主义（consommationnisme）——有人称之为消耗主义或耗尽主义（consumerisme）——过度的消费使我们吸收了大量的饱含糖分和防腐剂的食物。

如果地球变暖持续下去，将造成大量的生物迁徙。大洋洲的一个岛屿已经由于海水的上涨即将被淹没。阻止这种趋势的措施力量极其微弱。里约热内卢国际会议已经宣告失败。人们正在准备着解决有关的问题是一次国际会议，即 2015 年的巴黎国际会议，法国团结与生态转型部长尼古拉斯·于洛（Nicolas Hulot）正致力于此。

主要的问题是各个国家和企业家们不停地推动不明确的和无限制的经济增长，而我们知道地球是不能承受 20 多亿中国人和印度人每人每天都使用汽车的。这不意味着取消汽车，而是应该节制汽车的应用，即不剥夺人们运用这种交通工具出行的便利，但是避免把它作为成年人的玩具来应用。

4. 十分微弱的风险意识

风险意识微弱，和我们缺乏整体性地思考问题的能力有关，也就是说难以思考整体和部分之间、部分和整体之间的关系、相互作用以及发生复杂性的问题。如果世界化进程这样持续下去，我们将走向灾难。当前的政治措施都是建基于对于效果的量化认识的分析上，向我们表明它们不能进行整体性思考。而这一点是致命的。

数量化是我们文明的关键词，但是人类生存的一些基本的东西是逃避计算的，如感情、爱情、快乐、悲伤、忧郁、痛苦、仇恨。

很多经济学家不理解它们，所有只生活在计算世界中的人们也不理解它们。再次强调，数量化和分隔性是我们进行理解的敌人。

在这个问题之外我再谈谈失去过去的问题，这是一种总是生活在当前的倾向，是全球化的另外一个负面效应。还不说也有失去未来的问题，因为世界上的人们已经不再相信进步是一条不可避免的、必然的、令人类越来越幸福的历史规律。今后对人类来说，只存在着未来的不确定性。

随着返回过去，各种宗教不再承诺人们可以加以验证的地上的天堂（即人间天堂，如苏联曾经允诺过而又破灭了的），而是无人能够验证的天上的天堂。随着追根溯源的需要的增长以及经济危机引起的恐慌的加重，在各处滋生和繁盛起来倒退的倾向，闭关锁国的倾向，走向种族主义的排外的、害怕他人、害怕世界乃至害怕一切的倾向，忽视了我们所有国家在地球上相依共存地联系在一起，我们越来越紧密地处于一个人类命运共同体之中。

现在我们不仅仅处于经济危机之中。西方文明在向全球扩展之时，使各个传统文明，还有古老文明陷入可怕的危机。自相矛盾的是，西方文明自身现在也陷入危机之中，它本来在发展中国家面前表现为解放之路，而现在它身患重病。

我们可以说现在所有的文明都处于危机之中。传统文明在保持传统和走向现代性、在返回根源和实现西方化之间分裂。在法国，我们的文明的落后方面在前进，它的进步方面在倒退。这是一种文明的危机，一种深刻的历史危机。

但是可能改换道路吗？现在没有任何迹象向我们显示出这种变化的可能性，虽然我们看到一些创新的尝试，但它们还处于分散的和萌芽的状态。

确实，我们看到许多地方的多种多样的创新尝试，比如在农村，有生态农业或农林连作（agroforesterie）的发展。在世界各处，一些城市创建了生态市区，努力使城市生活人性化，寻找新型城市的模式——由于使用清洁能源和汽车行驶越来越电动化，城市不再被污染。许多创举我在我的著作《道路》(*La Voie*)[①] 中已经指出。

但所有这些创举还十分分散，还没有汇合起来。还没有任何机构、政党或协会关注把这些创举聚集起来，使它们互相联系。

从经济学的观点来看，也存在一些创举，如社会的和互助的经济，重新开启既往的互助组和合作社的模式。“罗斯福协

---

① 埃德加·莫兰．道路．Fayard，2011.

会”（Le collectif Roosevelt）[①] 努力揭示艰苦生活的替代品，一种重振经济的新的可能性，特别是在生态化经济的层面上。

从人类学的观点来看，重新把友善的品德放在第一位以显示和睦共生的精神、重视他人的存在的运动发展起来，作为抵抗改变今世面目的亲和性消失和冷漠性增长的趋势。人需要如其所是地被其他人承认，所有成功的尝试，比如在里约热内卢或马德里的贫民窟的青少年所举行的活动，是建立在如下事实上的：人们承认顽童的存在，重视他们，从而使他们脱离了罪责。这是一些值得推广的创举，特别在我们的国度内。

5. 创建多样性的统一

这条新型道路的成分由各个文明的优秀部分构成。比如，当西方文明渗入像摩洛哥、突尼斯这些国家时，它带去了民主的思想、关于妇女权利的思想，还有现代医学等等。因此西方

① 这是 2012—2018 年莫兰等法国社会知名人士组织的一个民间政治团体，提出和推动实行一系列社会改革措施，旨在促进法国在遭到 2008 年世界金融危机的沉重打击后，走出新的经济危机的阴影。——译者注

文明带去了一定数量的具有积极意义的信息。但是由于也存在着被证实有效的传统医学思想，因此应该存在不同医学思想之间的共生。再如，在撒哈拉沙漠以南的非洲国家，存在着当地的巫师、巫医和法国出生的医生之间的合作。更不要说中国医学思想、古印度医学思想，它们的药物和疗法构成西方医学的补充。证据之一是中国的针灸已在法国应用。

统一性是人类的多样性的财富，多样性是人类的统一性的财富。从各国极其不同的历史文明条件下揭示出来的任何人类存在的基本向往是什么？那就是个人对于在其所属的一个和谐的共同体内部的充分发展的需要。

脱离共同体的和缺乏爱的个人充分发展只能是自我中心主义和利己主义的发展。如果我们脑子里只有社会共同体的观念，那就会窒息个人的发展。因此为了创建新型的道路需要完全抛弃如今统治世界的二元思想方法。这种思想方法诉诸二者择一，它是“或者是这个或者是那个”，而不是“这个和那个”。

我们不能说：或者增长或者下降，而应该说：增长和下降。这意味着我们应该同时考虑经济中应该增长的东西和应该下降的东西。

应该增长的东西是生态化的经济、有益于健康的经济、创造公共福利的经济、团结互助的经济，还有新型的教育。

应该下降的东西，不仅是准备战争的经济，而且是制造虚华用品、无益事物的经济，以及伴随它们的中产阶级的消耗主义——后者不能抵抗超级市场上极其繁多的商品施加给他们的诱惑力。我甚至说利用神秘化广告的经济应该下降，这些广告吹嘘它们的美容产品以及使人年轻化的种种保健产品的非凡效力。

因此，通过对于消费的教育，存在着某些产值下降的必要性。给我们制造冰箱、汽车、计算机的产业应该减产，在淘汰旧货的程序化机制的作用下它们的产品注定在使用十年后报废。而在此前的阶段里，汽车是为无限长期的耐久性使用而制造的，因此应该增长的，是进行修理的产业。

同样应该把发展和包容联合起来。所有按照传统含义属于“发展”的东西，应该伴随着对包容它的东西的尊重，如社会共同体、邻里的手足情谊。全球化越是发展，也越需要在某种含义下“去全球化”，也就是地区化和本土化。必须从经济的死亡同时也是生物的死亡中拯救大片人的领土。我支持欧洲的联邦的构架，但我同时拥护尊重每个国家的相对自主权。

各国应该为了共同利益牺牲某些自身权利，但是它们各自也应该保留相当大的权利，比如在某些情况下限制一些十分大量的起破坏作用的进口。因此，全球化同时是本土化、地域化、局部化。在各个领土上也存在着许多活力，许多工匠可以重振或者进一步推动经济的发展，有许多可以具体实现的潜在可能性。

6. 新的道路——蜕变

我觉得“蜕变”（métamorphose）一词比“革命”（révolution）的含义丰富。“革命”一词，在其通常的含义上已经被滥用。但是应当合理地看到，在不同国家里还是存在着不同类型的革命的。我是想说那种大规模的“彻底消灭过去”的革命，如在苏联发生的，都在一定范围内失败了。这些革命表现出它们的暴力将产生新的暴力。“蜕变”一词意味着没有和过去完全决裂，相反地，人们在蜕变中利用着人类既往历史中积累的文化成果。

我们在毛虫那里清楚地看到了这种蜕变过程。毛虫经历结茧化蛹，自我关闭在蛹壳中时，它开始作为毛虫自我破坏，包括毁坏它的消化系统；然后自我重建，生出翅膀，成为蝴蝶。我们看到毛虫转变成了他物，而这是源自其自身的转化。

我们难以确知，蛹壳终于打开使蝴蝶能够展开翅膀飞翔要经历多大的困难。有如分娩，蜕变在痛苦中完成。任何进化因而是造成破坏的创造过程。美籍奥裔政治经济学家、著名的创新理论的提出者约瑟夫·熊彼特（Schumpeter）的名言“创造性地破坏”，现在几乎又在到处被人采用，而我认为是不正确的。我认为创造本身就是破坏。在16和17世纪当人们创造了工业世界时，他们就破坏了传统的小农阶段的存在。英国的圈地运动在这方面提供了一个很有说服力的例子。因此我们应该自问：在所谓的“进步”中我们赢得了什么、失去了什么？因为它引起了有时是看不见的或至少是不可量化的倒退。如同我前面指出的，我们的物质进步引起了和睦共生的人类关系的倒退。

从“蜕变”中应将产生一个世界范围的包含各个国家的社会。

现在看起来似乎这是不大可能的，因为比较可能的事，是由一个既定的观察者在一个既定的环境中，根据关于来自既往、穿越当今并构成通向未来的延续的趋势的大量信息，做出的预测。因为这个原因，我上面讲到如果我们像现在这样继续下去，我们比较可能会走向灾难。什么是不大可能的事？就是并非不可能的，而是可能以意外的方式突然发生的事。

以下就是一个原来看起来不大可能的事突然实现的完美例子。在1941年秋天，德国纳粹军队已经占领了欧洲，实际上也将占领整个苏联。那时它已经包围了列宁格勒，处于莫斯科的门口，只需一次新的推进就可以占领莫斯科。突然，连绵的暴雨使德军陷入泥潭，继之而来的是早到的冰冻。这时斯大林任命了第二次世界大战中卓越的将领朱可夫（Joukov）为莫斯科前线的主要指挥官。朱可夫在1941年12月5日发起苏军的反攻，把德军击退到莫斯科200公里之外。

另一因素也起了一定作用。希特勒未能按照他原计划的于1941年5月进攻苏联，而是推迟到6月21日。原因是那时他的盟友意大利法西斯领袖墨索里尼出军想占领希腊，但是意大利军队被不大的希腊军队击退。德国纳粹军队前去救援墨索里尼，在穿越南斯拉夫时遭到塞尔维亚人的激烈抵抗。德军为了平定塞尔维亚人的抵抗和最终把纳粹的旗帜插到雅典的帕特农（Parthénon）神庙上耗去了一个月时间。

另一个随机的因素是：斯大林通过他的秘密警察理查德·佐尔格（Richard Sorge）（关于这个人的故事我们现在已经知道很多）知道，日本那时将不会攻击西伯利亚，因此他可以把远东的苏军调动到莫斯科前线来参战，这也是苏联在这场战争中取胜的一个决定性因素。过了几天，日军全力袭击美国的珍珠港，美国被迫投入这场战争，使这场战争变成了世界性战争。于是原先比较可能的事开始变成不大可能的事，而不大可能的事开始变成比较可能的事。再过 6～8 个月，当发生了斯大林格勒战役之后，比较可能的事变成了完全可能的事。

因此不大可能的事、出乎意料的事是可能发生的，蜕变是可能发生的。争取美好未来的斗争并不是毫无希望的。希望的事就是可能发生的，但不是肯定发生的，给予它以肯定性是完全错误的。如同古希腊哲人赫拉克利特所说的："如果你不寻求意外之事，你将永远找不到它。"

第 6 章

未来：比较可能的和不大可能的

1. 未来不会再像过去那样

将不会再有人们曾经习惯地称为“光辉的三十年”的年代，那些年代被不间断的经济的、技术的以及社会的发展所标志。这个发展好像被历史的主宰法则所导引，这个法则就是进步的法则，意味着明天将比今天更好，由于发生着文明的、社会福利的、生活水平的等等进步。这同时又是未来学的光辉年代，比如美国兰德公司（Rand Corporation）[①]，曾经做出关于二十年、三十年的预测，总是宣布未来会更加美好。

然而现在这个未来已经死亡，它由于许多意外事件的涌现，而化成一些历史残片。

——1968 年 5 月的意外事变：在许多发达国家中爆发了青年学生的造反运动。

——1973 年的意外事变：由于第一次石油问题的冲击突

① 美国从事战略研究的机构，是一个强有力的思想库，以通过研究、分析来阐明政策和决策过程为宗旨。

然发生了重大的经济危机，失业开始扩展，特别在法国。

——1989年的意外事变：随着柏林墙的倒塌，本以为是光明的开端的苏联制度内爆却很快表现为苏联国家的解体；继之以一场表现出欧洲完全无力对付的欧洲内部的战争，它导致南斯拉夫的瓦解。

——2001年的意外事变：美国纽约曼哈顿的两座世界贸易中心大厦被摧毁，和随之而来的美国对伊拉克和阿富汗的大规模的凶猛的军事入侵。

——2008年经济危机的意外事变：这推翻了大多数经济学家持有的经济危机将不再有发生可能的预言。

——2010—2011年"阿拉伯之春"的意外事变：它继之以使中东、利比亚局势恶化和发生国际化的内战、长期动乱不宁的意外事变。

这一切宣告了对于进步是不可抵抗的历史法则的信仰的破灭。由此产生了新的未来学。法国学者阿利尔·科罗诺莫斯（Ariel Colonomos）在他的《圣贤的政治》（*La politique des oracles*）[①] 一书中对此做了十分引人的分析。现在，对未来的

① 圣贤的政治. Albin Michel，2014.

预测都是在由专家们组成的思想库中进行的。一般来说，这基本上都是些部门性的预断，如关于经济的，或关于国防和军事问题的。专家们努力把在当前已经展现的一些趋势再投影到未来：比如在战争中使用信息技术、电脑屏幕等，如同在伊拉克战争中；新近制造的无线电遥控的无人驾驶飞机将被大量采用；等等。专家们和政府主要关注这些军事问题，其他事务在相当程度上被忽略。在这种未来学家的视野中存在着我称为“伪合理性”的东西。这种思想理解明显地合理的观念，如人类是不会自杀的；此外，个人是不愿自杀的。但是还是存在着自杀的现象，甚至有法国社会学家迪尔凯姆（Durkheim）表述的“利他型自杀”，还引起其他一些人的死亡。显然，他们是自愿自杀的。但人类是不愿自愿自杀的。但人类可能不自愿地自杀。存在着人们还没有找到最终解释的一些文明的死亡，如墨西哥玛雅文明的终结；南太平洋上复活节（Pâques）岛上文明的死亡可能是由于过度开采岛上的自然资源。但是未来学专家排除出现大量死亡的假设，只寻求让人心安的因素。断裂、转向、突变、事故在他们的未来学中都是不加考虑的。他们对未来的分析被寻求稳定性的顽念所影响，是保守的。

但是与技术发展相联系的危险已经出现，俄国切尔诺贝利（Tchernobyl）核电站、日本福岛（Fukushima）核电站以及许多其他核电站的严重事故警醒了我们，这类危险变得越来越明显。

德国社会学家乌尔里希·贝克（Ulrich Beck）在其深刻的著作《风险社会》[①] 中，证明风险是我们的技术社会内在的东西。阿利尔·科罗诺莫斯关于这个问题明确指出："风险促使政府向专家咨询，专家们则通过量化危险因素并把它们消除来使官员们放心，因为特大危险是极其稀少的。"人们可以看到当日本福岛核电站发生事故时，很快引起社会的普遍不安，但是政治和经济的当局一方面尽一切努力使民众放心，另一方面宣布："将继续进行我们的核能项目。"只有在德国，总理安哥拉·默克尔（Angela Merkel）在生态主义者的压力下，决定停止核能的生产。但是在其他许多地方，包括日本，核工业院外活动集团掩蔽风险。他们向我们展示所采取的安全措施的严密性，而不说核电站产生的各种各样的小型事故，如掩盖放射性废料的危害性。强大的核工业院外活动集团向我们宣称保障一个安全的未来。

---

① 风险社会（La Société du risque）. Aubier，2001.

巨大天灾的风险同样被或多或少掩盖起来，我曾指出将导致人类生活可观的、动荡的关于地球变暖的科学预言，尚没有采取具体的预防措施。我们期望即将召开的 2015 年关于全球气候问题的巴黎国际会议做出决定。

2. 我们现有的关于人类未来的观念

在审视了未来学的缺陷之后，再来看看我们现有的关于人类未来的观念。

首先，居于重要地位的社会精英人士发出的权威性预见——这是关于历史终结的观念，根据这种观念，人类历史的进展将不会再发明出更好的东西来，因为现有的代议制民主已经是社会最好的政治形式，而自由市场经济也是最好的经济形式。这种观念屏蔽了在未来可能产生的任何进步——不会再有社会学的、政治学的或人类学的新的真理。这些权威人士认为，至多就是有一些事故、冲突、倒退，但人们不可能做得更好。对于我来说，我希望关于历史终结的思想最好是意味着各国之间发生战争的历史结束的思想，因为这段历史是残害人类的，它应该让位于一个更高级的历史阶段，不是静止不动，而是进入另一种发展变化。我曾经说，人类现在还是处于人类精神的史前期，根本不是历史的终结：还有许多事物需要发现、创造。我们现在仍然处于人与人、各个民族与各个国家之间关系的野蛮时代。

其次，关于人类未来状态的另一种预言是文明的冲突。这种观点认为人类现有的对抗将采取宗教的形式，并且采取文明的形式。大的文明将相互对抗，如西方文明和阿拉伯文明，可能还有中国文明等。这种观点是被现实中各种宗教对抗的增长滋长起来的。特别是在中东，某些事件看来激励了这种对抗的倾向，但是我们也不能忽略在当今所称全球化（是西方化和经济发展的一个方面）中也存在着强大的共生倾向。如果我们考察全球化的进程，会发现存在着两面性：一方面是全球的经济-技术的统一，另一方面是为了保护各自的民族特征或自主性而发起的文化上的抵抗。因此全球化产生了对抗，也产生了文明的共生性和相互渗透。

因此和平的现象和对抗的现象并存。在这种环境中产生了

“基地”组织（al-Qaida）或“伊斯兰国”（Daech），发生了伊斯兰教教法狭隘的宗派应用，这不仅与西方文明对抗，而且与人口众多的和平的伊斯兰教徒对抗。如果从伊斯兰教徒的全体来看，宗教激进主义者只占一小部分。宗教的怜悯精神本身在文明的共生的倾向的内部成长、散布，没有发生断裂。

因此，文明的冲突也构成了自我实现的预测：你越是相信文明的冲突，越是采取防备这场决定性冲突的政治和军事的措施。同样地，你越是相信历史的终结，越是想象人们在代议制民主和自由市场经济之外找不到任何东西，因此你根本不去寻找新型的解决方法。由此，现在就锁定了未来。

最后，对于说明未来我感到重要的第三个问题是，关于“人类世”（anthropocène）的概念。至今，地球的历史是由关系到生物圈的不同世纪的接续构成的：更新世（pléistocène），中新世（miocène）……现在有人经过成功的论证提出了“人类世”的概念：今后不再是气候-生态-生物的变化决定我们进入的地球时代的特点，人类的革命性地涌现到地球的生命中决定气候-生态-生物的变化。人类变成了决定地球形态的力量。

由于产生了生态意识，我们今天已经实际上认识到经济-

技术-科学的发展损毁着地球的生物圈。很可能这些引起地球气候变暖的发展也会引起逐渐增长的地球状况的普遍性恶化，将会导致非常严重的后果。人类世的观念有利于我们树立起对于地球的责任感。这同时也是对于我们自身的责任感，既然我们的命运与自然相关。要认识到人类的命运不是外在于具有生命的自然的命运的，而是与自然的命运生死与共。于是对人类-生态的关系的认识向我们揭示出经济增长的极限。举例来说，我们小小的行星，不能承担它的几十亿个居民都像卡塔尔（Qatar）的公民一样，每人享用三四部小汽车。我们能够和应该想到可耗尽的能源储藏（如石油和煤炭）的终结之日，而努力使用像太阳能、风能、潮汐能这些无限的能源，至少在太阳仍然熊熊燃烧的世代是这样，因为太阳的存在像任何其他存在一样也有它的极限。

同样应该尽量限制似乎无尽的城市化的增长，因为将有新的可能的城市派生物涌向农村。地球上在能源和物质生产方面的增长具有极限，不意味着其他的增长如服务业、资本和非物质性生产（信息的、数字式的、艺术的）也具有类似的极限。但后者也将遇到由于人类生活在缓慢地走向衰亡的太阳的照射下具有的限度而发生的极限。当然人们可以想象：那时已可离开地球而殖民于其他行星，这些人类或后人支配着到达其他星球的交通工具。但那时人类将开始另一个新的探险。

在不久的将来，我们需要不仅意识到经济增长的限度，而且意识到人类精神的以及特别是它的被认为最可靠的认识工具——合理性的限度。科学哲学家卡尔·波普尔（Karl Popper）指出了归纳法的限度，人们运用这种方法从在许多地方确认的一定数量的事实出发做出概括。当然归纳法是很有用的认识方式，但它不是不犯错误的方法。除了归纳法的限度，还应指出演绎法的限度，这就是哥德尔不完全定理证明的人类最保险的理性的限度。因此我们最好的认识工具——理性的效能是有限的。同样地，所谓亚里士多德式的古典逻辑的效用也是有限的。在遵循逻辑认识世界时，我们会遇到我们逻辑不能解决的矛盾。

但是不仅我们的哲学的认识论的发展提出了限度的问题，而且对于限度的意识本身也是有限的。如果我们的合理性是有限度的，我们就会设想人脑还有未被开发的天赋的能力倾向，它们将会揭示出精神尚未被认识的能力。克罗马农（Cro-Magnon）人[①]不知道他们已经具有亚里士多德、达·芬奇、莫扎特和爱因斯坦的头脑。我们不了解精神能力的未来状况。我们能够说的是：人类的精神能力还将有一个限度，因为人类既不是上帝也不是世界的主宰，而其精神探险如同其人类学探险对于我们都是不可预测的。

可以肯定的是，这些探险将不会遵守关于进步的伪法则，后者主张科学的、技术的或经济的进步将保证人类同时在社会的、智慧的和道德的层面的进步。这就是19世纪末允诺救世的革命所没有实现的事。

当然，尽管当前形势不稳定，世界问题恶化，一批治国的技术经济精英人士还在相信持续的增长，把他们的乐观主义建立在他们个人收入不断增长的基础上。但是他们是生活在一个封闭的世界中。对现状的极端忧虑导致了各部族、宗教、民族之间的倒退的、彼此封锁的态势，彼此之间的冲突增加了，轻信和盲目都在增长。因此，现在需要反思：我们据以思考未来的条件、前提是什么？

---

① 在法国克罗马农石窟里被发现，属于晚期智人，约为2.8万年前。——译者注

3. 历史的教训

伟大的征服者成功的原因，往往又是他们最后败亡的原因，这一点在人类历史上经常出现。拿破仑或希特勒都是如此，还可以举出古希腊的亚历山大（Alexandre）大帝，他远征到印度河谷后就不能再前进了，不得不后退。庞大帝国所具有的脆弱性并不仅仅表现于古代，20 世纪奥斯曼帝国的崩溃，之后奥匈帝国和苏联也遭到同样的命运。

眼界狭窄的经济学家看到 1929 年的经济危机在 1936—1937 年的经济重新起飞中被克服，但是他们忘了这个不确定的经济重新起飞却是伴随着战争经济的上升，是 1940—1945 年的世界大战和成千上万的死者的灾难吸收了 1929 年的经济危机的负面后果。那么我们能够相信我们现在的危机的负面后果被吸收吗？可能它会通过艰难的自我调整而化解？可能它会变得更加严重？可能它会导致欧洲瓦解？

所有上一世纪和本世纪初期的重大历史事件都是未曾预

料到的，从第二次世界大战开始，到俄国的布尔什维克革命，意大利法西斯的兴起，希特勒在德国当政，德苏互不侵犯条约的签订，珍珠港事件，袭击美国的“9·11”事件，“阿拉伯之春”以及随后的动荡。历史总是教育我们要谨慎地和戒备地预想未来。英格兰作家阿道司·赫胥黎（Aldons Huxley）说过：“最大的历史教训就是人类不吸取历史教训。”问题不仅是人们不吸取历史教训，而且是人们不思考人类历史的脆弱多变性，还有对于人类内在条件的复杂性无知——我已经提出过关于人性的思想：人是智人，但又被作为狂人的一极所补充（理智和疯狂在人性中构成对等的力量）；人是从事生产的务实的人，但是又被信奉宗教、神话的神秘的人的一极所补充。

所有这些因素使我们不能遵从关于未来的合理化的、稳态的或线性发展的思维。当前的形势可能影响我们对未来的看法：乐观主义使我们盲目而不见风险，悲观主义则使我们失去斗志，促成失败。我们的思想应该超越乐观主义和悲观主义。我是一个乐观-悲观主义者，我拒绝那种认为合理的事情迟早将会实现的观念。很可能的是，面对极端的危难，人们意识到最后时刻而采取拯救措施，从而取得成功。鉴于人类的智人-狂人的人类学本性，我从来不相信合理的东西会自然建立起来。

现有的唯一能使我们应对未来的东西是改组我们的认识，采取我所说的复杂性思维方式。这种思维方式不会使我们免除错误，但是有助于我们少犯错误，少有幻想和避免盲目性。这是整体性的、世界性的思维。我曾经常引用阿根廷作家埃内斯托·萨巴托（Ernesto Sabato）的名言："我们需要世界学家。"现今的未来学家不是世界学家，因为他们把未来切割为小块；而值得注意的和重要的东西是相互作用、相互反作用和相互干预的。

在古希腊医学大师希波克拉底的医学观念中有一个观点，认为病症在发作严重时最利于诊治，因为这时症状本身表现明显，便于医生判断这是感冒，那是霍乱。但是好的医生能够在症状十分明显之前从微弱的征象识别疾病。现在整个这种认识有待发展，即从研究微弱的信号出发，掌握生机和成长或者衰退和危亡的征象。

在我的眼中，举例来说，尽管现在工业化的农业和畜养业占据着统治地位，而大约到处发展的生态农业属上述微弱的信号中的一种，它使我隐约看到关于城市食品和乡村生活一种更美好未来的可能性。甚至有许多这类创举，为推进农业大规模单项连作和工业化的畜养业的政府和政治家所不知道。

此外，一个十分强烈也是令人不安的信号强加于我们的世界，这是在世俗宗教（关于进步的宗教，关于和谐共富的社会的宗教）垮台之后传统的宗教回归。这个回归伴随着种族的封闭，被人们愚昧地称作“民粹主义”的民族主义的封闭。我们说这是愚昧的，是因为这个词产生于拉丁美洲，用以表明从1930—1940年代起形成的反对地主、反对军事专政的民众运动。这些运动往往瓦解或变性，但成为重生的征象。民粹主义的词是不适当的，表现了我们在表达我们所揭示的现象的适当的词汇方面的无能。

可能在这里或那里经过财政紧缩疗法之后，人们可恢复正常的经济流程。这需要人民承受艰苦生活，显然有产者不需要吃苦，持有股票的股东们的赢利还会继续增长。也可能这是一场来自人类历史演化深层的危机，不仅是欧洲的、西方的，而且是全世界的。

依我看，现有的经济危机是一场具有多重面孔的危机的复合物：文明的危机、社会的危机、行星的危机、不能达到人类性的人类的危机。这迫使我们换个方式来思考未来。法国学者昂德雷·勒博（André Lebeau）[①] 有一个十分精彩的说法揭示这个主题："企图维持现有的事物进程到过晚的时候，那将是人类制造的压迫自身的最大的威胁。"

可以有好几种事态结局，都是被混沌理论解释的机制所支配的：在一个复杂的系统里，即使在开始时是决定论的，也会发生由许多相互作用和反作用创造的不可预见性。地球围绕太阳的旋转我们感到十分稳定，实际上它与几百万年前的旋转是不一样的，由于行星之间的相互作用，也将与几百万年后的旋转状态不同。

未来是难以预见的，但是某些事态是可以想象的。

连锁的难以救治的灾难

——勉强地、艰难地前进，随带着许多残酷的行为，伴随

① 昂德雷·勒博（1932—2013），国家宇宙空间研究中心前主任，法国气象局前局长。

着许多倒退的现象[①]，也带着某些局部的进步：它可以持续一段时间，人不知道有多长……人们可以乐观起来说：可能在这之后情况好转。

——连续的重大灾难将导致一种普遍化的野蛮的落后状态［澳大利亚动作电影《疯狂的麦克斯》（*Mad Max*）使我们体味到那种实况］，以及可能的在这里或那里出现的人类“重新出发”的行动。

应该考虑有两种演变。一种演变已经开始，充满了风险，它是生物学的、信息论的、技术的，这种演变当然也包含着期望的前景，但是这种前景只可能在这种演变被另一种演变伴同的情况下才能实现；后一种演变是伦理的、文化的、社会的，它在全球的范围内被新生的人道主义所引导。[②]

这第一种演变为超人类性（transhumanité）的名字所代表。超人类主义是它的意识形态，产生于美国，当今在所有的大陆上发展。超人类主义是对人类族类的未来的一种预言。这种预言是建立在现在的科学和技术发展的进程中，特别是建立

---

① 人们可以想象“伊斯兰国”焚烧图书馆，摧毁博物馆，派人炸毁研究中心。我们回想一下基督徒曾经摧毁亚历山大（Alexandrie）图书馆。

② 莫兰．新生的人道主义（L'Humanisme régénéré）. Seuil，2005.

在“技术科学”（technosciences）发展的进程中，它包含着所有生物技术的、毫微工艺学的（nano-technoligique）、信息科学的内容，还关系到认识科学中涉及对人脑越来越精细的认识的部分。未来人类将拥有比现在人类远远强大得多的能力。这不是尼采提出的超人，而是具有高级智能的人类，我们可称之为“后人”（posthumanité）或“元人”（métahumanité）。有些人批判“超人类性”的观念是一种意识形态，一种幻想，而实际上它涉及一种具体的可能性。幻想的东西是相信这种可能性将保证人在未来的得救，特别是通过不死来实现。

4. 不死的梦想

看来人类相当接近的可能性，是无定限地延长健康良好的寿命，甚至永恒地复生它。生物学的一系列认识和技术的进步使得我们可以料想这一点。这通过最近在脊椎骨髓、大脑或其他组织中发现了干细胞而开始。这些干细胞能够修复所有的器官，医生已经可以利用它们复生老鼠的心脏，在人体上的应用也是或早或晚会发生的事。

此外，指出人造器官的创造。刚刚不久装有人造心脏的第一个男人逝世了，这是第一次的试验。我们可以设想人造心脏、人造肺、人造肾脏将会替换衰老的自然器官。

不要忘却下述可能性：端粒这些染色体的末端部分随着人体的衰老而缩短，而现在可以通过基因工程使之延长。这些工程在我们的组织中引起基因变化，而这还是在未知领域内的跳跃。它们如同在大脑中的激素干预，可以发展或抑制我们的某些能力。

这些不同的可能性激起了不死或永生的梦想。这个词被任意地发出，因为人类永远不会变成神祇。人们通过返老还童的医学工程可以创造“免死的”（démortalisé）存在，但不是不死的存在。① 死亡将不停地威胁免死的人。我们不曾消灭，也将不可能消灭时刻侵袭我们的细菌、病毒。在一个包含着不断

① 莫兰在此节中提出相互对立的两类人 les mortels 和 les démortalisés。这两个法文词前者意指普通的“将死的人”或“必死的人”，后者是罕见的（法文词典中也找不到），从构词法来看是“免死的人”，它是不是等于“不死的人”（les immortels），书中已做了否定。为此我专门请教了作者莫兰，莫兰向我表示：医学科学技术的高度发展使人类可能摆脱自然的老死的命运，但是他们还是不能逃脱由社会事故引起的死因，所以没有“不死的人”。他曾建议这里做一个注解。因此我译文中的“将死的人”意味着将要自然老死的人，“免死的人”意味着免除自然老死的人。——译者注

增长的技术风险的社会里，我们也不能消除事故、谋害、爆炸的危险。我们也将不能消除一切政治的风险，包括杀人的狂人的风险。我们也将不能消除核武器带来的威胁。杀人也可能具有新的特点：不再限于向犯人的头脑或心脏开枪，而是使用横锯床把杀人犯切成小块。

细菌和病毒将不会被消灭：病毒现在和将来能够发生突变；细菌们相互间彼此免疫，相互结合成脱氧核糖核酸（DNA）长链；它们将找到诡计、窍门来继续挫败人类发明的医药和由此带来的进步。我们很有感触地注意到：在1960年代，大部分的医生和生物学家都认为细菌将由于抗生素的应用而被消灭，人们又很快找到了消灭病毒的手段。

VIH（人体免疫缺损病毒或艾滋病病毒）和其他突变的病毒的出现，扫荡了这种观念；像突变的流感病毒，如果不是每年地，也总是以意外的方式突变。像与鸟类有关的流感病毒、冠状病毒、埃博拉病毒，它们也改变着自己的表现。细菌们还返回来抵抗抗生素，比如科赫（koch）杆菌。细菌不仅以一种它们特有的语言进行通信，它们还能够相互联合起来。生物学家做出假设：无数的细菌构成了细菌世界，后者构成了一个巨大无比的超级组织弥漫在地面、地下、水中。可能这个组织控制着我们而为我们所不知晓。

人类的存在将保持为一个脆弱的存在，他早晚要献身于热力学第二定律——发生解体。由于这个第二定律带来死亡，所以在美国成立了一个自任要消灭熵的研究所，因为熵产生瓦解和消散。但是，我们将永远不能消除可能致死的多种多样的危险。我甚至还说过对死亡的焦虑可能将越来越大。我们知道我们是必死的生物，我们不可逃避这一点。但是当我们想到被无定限地推迟的死亡，那可能总是威胁性的，生命将变得极其令人焦虑。那会引起社会问题、人口问题。需要大规模地阻止生殖，以便防止地球上充满新来者。但这将是一个可怕的、保守的观点，它阻止了新生的人带来的创造性。这种状况还会引起在免死的人和将死的人之间出现的新型的不平等的加剧：加剧以强势的和富有的免死的人为一方，以将死的普通民众为另一方之间的不相称。

人们已经通过器官的交易记录了这种现象：在印度以及其他亚洲国家用低价向穷人购买肾脏然后用高价卖给富有的西方人。这里所发生的事情，好像在古埃及法老时代象征性地已发生过的：在那里法老（古埃及国王）和贵族死后作为木乃伊（涂了香料的干尸）在舒适的坟墓里享受不朽，而他们的臣民则注定归于简单的死亡。可能在免死的人们和将死的人们之间将发生新型的阶级斗争，后者将要求他们的不死性（immortalité）的份额。再说，一部分人的免死化将引起巨大的政治的和社会的动荡，另一部分人可能对我们的未来发生干预作用。对于人类只有一条新的但可能性还很小的道路，那就是设法民主地整合解决免死性（démortalité）的问题。

最后要说，人的寿命无衰老地延长无疑对应于一种文明的需要，在那里个人的发展极其缓慢。青少年的岁数从社会的观点来看在西方延长到 25～30 岁。因为这时人们还是大学生，人们还没有职业，还没有结婚。此后，人们还难以很快获得适应于度过既从容又紧张的生活的经验。就我本人来说，我尚未获得我应该获得的所有经验，因此我偏好我的生命在良好的健康中延长。

免死性设定了一种后人（posthumain）的存在，这种后人被赋予新的能力、他的精神/头脑的新的发展。如果说人类发展还要保留某些东西，这就是他的感情、他的感受性（或同情心）。超人将不会从我们身上消除感受的能力、快乐、悲伤、爱情、友谊。后人只是一个可能的替换项，机器人化是另一个可能的替换项。

5. 机器对人类的控制

机器的理智和实践的才能不断地进步，我们已经不能预言这个进步的极限。随着智能公寓、智能城市的出现，已使得可能把许多我们承担的枯燥乏味的、艰难繁重的任务，还有控制、监视的任务转移到机器人身上。很长时间以来人们说机器人将把人类从所有繁重艰苦的工作中解放出来，现在它们已经部分地做到了这一点。

但是一个机器人化的未来会产生许多新问题，特别是伦理学问题。工作的机器人化导致人类的失业。机器人化的未来值得从多方面加以探询，因为我们实际上进入了人工智能的时代。巨大的神秘是知道一个智能机器人是怎么变成反思的，可以返回思考自己，因而变成有意识的。这是一件人脑依靠语言可能做到的事，因为如果没有语言，我们可以反思但不知道我们在反思。难道这是一件可能偶然发生在机器人身上的事吗？这看起来不像不可能。美国记者和科幻作家克利福德·西马克（Clifford Simak）写的科幻小说《在世纪的激流中》[①]，以十分有趣的方式讲述了一些机器人的故事：一些人创造了一些机器人作为他们的奴隶，而这些机器人寻找和终于找到了解放自己的手段。这些科学幻想的作品，还有像戈特哈德·冈瑟（Gotthade Gunthe）写的论著《机器的意识》[②]，都建立在一个真实的问题的基础上：技术的过度的和最终失控的发展，直到技术本身能够控制我们。科幻电影《矩阵》[③] 在这方面十分引人，其主题思想是一个中央机器控制着一群人。后者还想象自己是自由的，但实际上他们是被机器人驱动的自动机，这个中央机器本身还拥有一个了不起的警察部队。一个被视为社会渣滓的离群的、怪癖的人在地下层悄悄进行反抗，还有一个英雄努力反抗机器以拯救人类的自由。这类科学幻想片延续了这个思

① 在世纪的激流中（Dans le torrent des siècles）//银河系（Galaxie），1953（4）.

② 机器的意识（La Conscience des machines）. 3 版 . Harmattan，2008.

③《矩阵》（Matrix），由美国拉里（Larry）和安迪·沃卓斯基（Andy Wachowski）编导，1999。

想：我们被技术威胁，我们自认为占有技术，而实际上技术有可能越来越牢固地占有我们。

我们已经处于一个机器以一定方式取胜的世界。像国家机器，庞大的经济机器，它们并不是那样遵从处于操控地位的人们的意志，而是听从它们自身特有的逻辑。

互联网也是这种现实的一个体现。这是一种遍布地球和不断增加通信的人造神经大脑系统。如同人类语言的作用，它可以做出世界上最好的事和最坏的事。它可以全新的方式探询消息，获得知识，获得许多国家力图限制的自由。它也允许免费接收文化，而很多经济力量反对这样做。一方面它向人们提供自由，而另一方面它对人们进行控制。另外，庞大的机器用于进行控制，而巨大的服务者谷歌（Google，全球最大的搜索引擎）本身可能被控制着。一方面，通过移动电话和互联网交换的话语可能被国家机构截获，此外后者还可能通过卫星控制我们。另一方面，互联网还可以通过人们所谓的“吹哨人”（lanceur d’alerte）揭露国家机密。维基解密网（Wikileaks）的创立者朱利安·阿桑奇（Julian Assange）提供了一个这方面的好例子。作为数学家和信息技术专家，他破译了五角大楼和美国国家机构的密码、密语，曾经发表有关美国军队在伊拉克的操作模式的几千份保密文件。因此，一个很有才干的数学家可以破译控制我们的机构保存得最好的秘密。他听从他的意识提取国家文件中的秘密。

美国的信息学家，美国中央情报局（CIA）和美国国家安全局（NSA）的前职员爱德华·斯诺登（Edward Snowden）和其他的吹哨人，公开地揭示了人民和普通人不享有的制药业秘密、银行秘密、军事秘密、外交秘密。他们揭去了不透明的幕布，向我们揭示了技术和利润的不加控制的增长所含有的危险。我们应该接受这个观念：一切事态都是可能的。如果互联网干预我们的存在如此精细，它自身也将因而获得复杂性和特殊性。

演化是不可预见的，我们应该接受出现新的信条、新的信仰、新的宗教、新的发现、新的革命性发明。不可信的事情能够和将会到来。我们处于未知的探险中，伴随着被俄国诗人沃兹涅先斯基（Voznessenski）十分精彩地描绘出的："你寻找印度，而你找到的却是美洲。"人们寻找着他们想要找到的东西，但是他们将找到不是他们寻找的东西。超人需要关于人类本性和人类探险的思想，人类学的复杂性包含着的关于运气和危险的意识。超人需要重温、细阅我称为“复杂人类学”的东西：智人、狂人、发明工具的人、神秘的人、信教的人。生物学的、信息论的、技术的演变特别需要被伦理的、文化的、社会的演变所伴随、调整、控制、引导。可悲的是：超人的演变只在科学-技术-经济三重力量的推动下开始，而伦理的-文化的-社会的演变虽然越来越不可缺少，反而还处在虚幻之境。但是后一种演变是必要的，以避免新型的领主的统治。后者掌握所有的权力，包括比全体其他被奴役的人类存在更长久的延长寿命的权力。或者还要避免会思想的机器的统治，我们将依靠着这些机器，即使它们现在依靠着我们。超人的演变应该由无形的、伦理的和反思的力量承担。新的超人的能力将是非人的，如果它不处于本身中潜藏的最优秀的资源——人类性的控制下。

第 7 章

复杂性思维和整体性思维

在上述各章中我探讨了整体性思维的问题，首先从物理宇宙的角度上，其次从生物进化的角度上，最后在历史的领域里从人类发展的角度上。然后我考察了全球化的问题，还试图探询一个对我们隐藏的未来，以便解答主要的、基本的问题：整体和部分。

现在可以肯定存在着对于化简主义思想的越来越大的抵抗。化简主义思想把对一个整体的认识化归为对组成这个整体的要素的认识。这如同“切成小块的认识”，在其中继续存在于自然界的现实被分割为学科和亚学科。某些人声称应该用他们称为整体主义的或关于整体的思想来对抗化简主义的或分化的思想。

而整体主义思想的缺点是，它也是化简主义的，也就是说代替把认识事物化归为认识构成整体的要素，它把认识化归为仅仅是对整体的认识。

但是，我们将看到，对一个整体的认识的要求不仅是认识包括这些要素的整体，而且认识部分和整体之间的不停的作用和反作用，只要这个整体是能动的，只要它是有生命力的，只要它是一个社会整体、一个人类整体。

1. 我们的第一个认识律令：背景化

我们很明了一个文本需要联系它的背景来理解。即使是处于句子中的一个词，它往往是多义的，或具有双重含义而含混不清；它总是通过读者结合前后文在不同的词义之间往返试用而逐渐清晰起来，随之句子的意思也明确了。在人们翻译一段外国语时，他不得不在词典所给的有关词的几个不同含义之间往返试用，直到当人们找到该词适于上下文的含义，句子的含义逐渐浮出。在逐步进展中，词被句子所说明，句子也被词所说明，还被语境所说明。但是背景化（contextualiser）还不是整体化，对此，需要重新讯问系统的概念，而这会使我们遇到若干困难。

系统论是在 1937 年路德维希·冯·贝塔朗菲（Ludwig von Bertalanffy）① 创立的，他还创造了“开放系统”的概念，在 1968 年出版的《一般系统论》中加以论述。他认为，一个

① 贝塔朗菲（1901—1972），生物学家，系统论的创立者。

系统是一个整体，这个整体由彼此不同的部分构成；越是多样性中含有统一性和统一性中含有多样性，这个系统越是显现出复杂性。在这个方面与我有关的是，我与应用“系统”一词同样频繁地应用“组织”一词，因为是组织改造全部的部分使之成为一个整体。

威廉·罗斯·阿什比（William Ross Ashby）[①] 提出了第一个“复杂性”的定义，说：“这是一个系统的多样化的程度。”

实际上这是多样性的统一性，使这互相排斥的两极又不可分离，统一性的概念趋于排斥多样性的概念，反之亦然。有趣的是，人性的特性是他的遗传学、生理学、解剖学、感情性的统一——所有的人都了解痛苦、愉快、欢乐、微笑、哭泣……——但是这个统一性总是表现在彼此不同的个人身上，并通过彼此不同的文化表现出来。明显的悖论是，统一性创造了多样性，而多样性本身只能通过统一性充分发展，这一观念在我们的全球化时代非常重要。因为今天人类汇聚在同一个命运共同体里，应该承认别人是不同于我们同时又与我们相似的存在。如果我们只看到别人是不同的，我们就不能理解他们；

① 阿什比，英国精神病科医生和工程师。

如果我们把他人只看作相似的，我们就不能理解造成他人的独特性和区别的原因。

2. “复杂性”的定义

“复杂性”这个词意味着“被连接”“编织在一起”。因此复杂性的思想就是进行连接的思想。它一方面背景化，也就是说连接于背景，另一方面就是努力理解这个系统是什么。

复杂性思想揭示了今天由一个怪异的词——涌现——所意谓的东西。涌现意谓一个被组织起来的整体，产生于它的部分在互不相关的情况下所不具有的特性。

为了很好地思考社会的整体性，需要看到这种部分和整体之间的关系，这恰巧是复杂性的重要特性。

因此，需要考察如下的问题：什么是一个社会系统？

这是一个由许多彼此相互作用的个人组成的群体，通过这些相互作用才构成了一个社会整体，后者产生了语言，形成了文化。在最初形成的古老社会里存在组织，但没有国家。随后出现了国家、法律，等等。这些由涌现产生的社会特性反作用于个人，因为它们通过文化、语言赋予了他们读、写、计算的能力。它们通过教育赋予他们投身于社会活动所必要的最低限度的知识。此外，整体还包含各个部分发展特有的潜在可能性，但这被整体视为偏常的或违规的而加以抑制。因此真实的情况是：整体在大于部分之和的同时，也存在某种小于部分之和的方面。

人类的生命系统和社会系统的组织可以通过调整机制来维持它们的稳定状态。诺伯特·维纳（Norbert Wiener）[①] 用“负反馈”（un feed-back négatif）和“正反馈”（le feed-back positive）的概念阐明了这些机制。

负反馈，这是调节组织运用调节手段像法律、警察、规则，以及通过把社会法律内在化于个人心中，来压制脱轨、犯规、骚乱的过程。

在人类身体中，稳态维持体温、血糖等的恒定，身体因此是被完美地调节的，如同沃尔特·坎农（Wolter Bradford Cannon）[②] 在 1932 年出版的《身体的智慧》（*The Wisdom of*

① 维纳（1894—1964），美国数学家，控制论的创建之父。

② 坎农（1871—1945），美国生理学家。

the Body）一书中所阐明的。

正反馈，这是一种偏离常轨在扩大的时候，发生破坏稳定性规则的运行和产生人们称之为危机的不稳定状态的进程。一个危机的解决，或者通过重建以前的系统来实现，这有时需要付出可怖的大屠杀的代价，如现在在叙利亚；或者通过一些更加复杂的新生事物来重新创造一个新的稳定状态，这构成一个复杂性的进步。

而在物理系统里，正反馈导致爆炸、瓦解；在社会的和人类的系统中，看起来瓦解一个社会的东西可能实际上是创立一个新型社会的起因，或者发挥改造社会的作用。在物理世界中完全是破坏者的东西可能变为在人类世界中具有革新性和创造性的要素。

3. 偏离常轨的倾向

偏离常轨的倾向产生重大的革新，我已经提到过这一点。资本主义是在封建主义内部偏离常轨的发展。社会主义也是在知识分子世界中从马克思、普鲁东等的思想中生发形成的。历史不是一条一往直前的壮观河流，它侧身前进，好像一只螃蟹。当一条偏支成功地扎下根来，并创造了一种趋势，这种趋势就会变成一股历史力量。于是一个转变就进入了流程，需要有一个事件或事故再从内部或外部突然发生，以推动革新运动的爆发。

这个总的转变运动可能以当代人不显而易见的一个事实为起源。1930 年，恩里科・费米（Enrico Fermi）[①] 在意大利进行的有关 β（bêta）辐射的研究，起初被人认为是一种满足思想探索欲望的研究。但自从战争来临，对原子构成的认识推动法国、德国、美国寻求释放其中可观的能量以发明一种新型的炸弹，并可以带来对于敌人的确实无疑的胜利。因此，在科学界的一个纯粹认识性质的次要事件导致了以其可能毁灭人类的威力改变世界的武器。

因此进化的概念不再是直线式的，它既是间断的又是连续的。它往往同时包含着赢得和失去。应用煤炭、蒸汽所带来的工业快速发展，导致 19 世纪的社会进化，由于它带来的物质

① 费米（1901—1954），意大利-美国核物理学家。

上和技术上的福利，看上去是极其有益的。但是，它随后招致英国的城市郊区的无产阶级化的农民基本被流放的状态，稍迟一点这种现象又发生在法国。于是令人提出了这个问题：什么是最重要的，是人们赢得的东西还是失去的东西？工业化的农业如同前面已经指出的，大量使用了农药，杀死、消除了地面的所有生命，生产出缺少滋味的标准化产品。与传统农业相比，它同时代表着产量的进步和质量的下降。

生物是比有组织的系统内容更丰富的概念，这是一个自组织的整体。20 世纪 60 年代，某些思想家、数学家、生物学家、物理学家反复思考了自组织的概念。海因茨·冯·福尔斯特（Heinz von Foerster）[①] 看出里面包含着一个悖论：所有生物的自主性必然包含着对环境的依赖性。一个生物存在消耗它的能量不只是通过它的外部活动，而且通过它的内部运行：肺在一刻不停地呼吸，血在循环，心脏在跳动。它需要更新它的能量，为此需要吃、喝。这就是它变得依靠外部世界的原因。

另一个悖论使我们可以理解植物和动物之间的区别。植物

① 福尔斯特（1911—2002），美籍奥地利科学家，第二代控制论的创建者。

十分聪明，很快就找到了吸收太阳能的手段，这就是依靠叶绿素的吸收作用；它们依靠自己的根就足以截取地面的矿物盐。动物世界没有找到汲取太阳能的手段，而被迫去进食植物。被迫去寻找食物的动物因此变得富有活动性。动物相比于植物的不足，反而变成了它们在地面、水中或空中运动的能力。我们人类因此也是相对于生物自然界同时既有自主性又有依赖性。

此外还要加上回归［或循环（récursion）］的原则，表明产物对于生产它自身的活动也是必要的前提。在和我们的生物存在的关系中，我们不仅是一个有性生殖过程的产物，而且是这个生殖过程延续下去所需要的两个异性个体中之一。这意味着我们同时是产物和生产者。因此我们处于一个生殖过程中，这个生殖过程中产生了我们同时又依赖我们把生殖过程延续下去。生物复杂性还存在另一个方面，我称为对话式的，因为组成的实体同时既是互补的又是对抗的。

我们由两个十分不同的实体组成：

——携带遗传信息的脱氧核糖核酸（DNA）是持久的，它们一代一代地自我复制下去，穿越时间长存；

——作为构成人体组织的材料和生命活动的能源的蛋白质

极其脆弱，在不停地死亡，我们的组织在不间断地生产它们。

这两个实体，在它们的区别性中体现了构成一个生命的两种要素之间的互补性：生命的存在方面——生活、享乐，生命的生产方面——繁殖。但是这种互补性可能导致对抗性。可能有对抗性存在于个人享乐方面和繁殖方面的互补过程中。某些人，甚至在使用避孕药、各种不同的堕胎药之前，就成功采用中断性交的方法或其他方法，避免他们的爱情享乐的繁殖结果。

但是我们的复杂性还不止于此，我们的自我调整服从于我们的三位一体的特性。

人们越是研究包含着许多关联、相互作用、反馈、对抗、竞争的复杂的发展，越是发现不确定性的存在。人们可以有二加二等于四的确定性，可以有进行这样的化学操作会获得这样的化学结果的确定性，但是因为我们处于社会生活中、世界生活中、地球生活中、全球化的生活中，我们不能排除未来的不确定性，甚至在对当前的认识中也不能排除它 。我们需要有时间和距离来理解事件，但是突然发生的事件发生于其所在的时间处于我们的意识和认识整合它们之前。黑格尔说密涅瓦

（智慧之神）的猫头鹰到黄昏才起飞。他想以此说明：猫头鹰，雅典娜女神的鸟，智慧的鸟，理性的鸟，总是很晚或可能太晚才到来。

在历史上，有多少人表现出一种夜游症的症候，比如在我生活的少年时期，在 20 世纪 30—40 年代，人们不是无知无识地走向灾难？

复杂性思想的目标不是消灭不确定性，而是重复讲到它，承认它，这是避免信仰一个全面真理的条件。西奥多·阿多诺（Theodor Adorno），法兰克福学派的大哲学家，虽然这个学派被黑格尔和马克思的全面性思想所养成，阿多诺还是说："全面性是非真理。"以为掌握了全面真理的人是自我欺骗，没有人会做到这一点。

所有政治的、商业的、经济的、婚姻的等决定，都包含着赌博，这就是不确定性。"行动的环境论"（écologie de l'action）表明：一个行动从它进入社会的、政治的和其他的相互作用的游戏之后，会逃离它的决定者；这个游戏可能把这个行动反转回来攻击发出这个行动的人，从而产生了失败而不是预期的成功。比如拿破仑三世向普鲁士宣战，预想对后者做一个围堵，结果是普鲁士对法国做了一个围堵。应当想到认识总是未完成的，不仅因为我们不能在这些复杂的事物中导致绝对的确定性，而且因为任何的认识有其大脑的、智力的、智慧的固有的极限。随着认识的进展，它们同样在增长无知。

宇宙学已经实现了巨大的进步，但是自从我们发现了宇宙处于膨胀中，可能在起源时是一个爆炸性的事件，被人们称为“大爆炸”，这个发现也创造了多方面的无知。这个大爆炸是从哪里出来的？一个物质宇宙怎么可能从一个真空中出来？这个真空是什么？等等。我们越是认识我们的宇宙，它变得越是神秘。此外，我已说过，我们的物质只占宇宙中存在的4%，一个巨大的看不见的未知的黑色能量在推动宇宙走向死亡的消散。现在人们所获得的新知，只是被认识到是无知的无知，而以前我们处于尚未自知是无知的无知中。我们只是赢得了神秘和未知的意味。

复杂性认识特有的一个十分重要的观点是它从如下的事实出发：任何认识都是被重构伴随的一种翻译。比如，通过到达视网膜的光子在眼睛引起的感觉认识经历了这种演变过程：被接受的刺激在经过视神经时转变为二进制的编码，然后一系列在大脑中发生的仍旧十分神秘的转变马上给出了不是摄影的感觉，因为感觉的忠实性使我们不是看到了视网膜上出现的遥远的小物体，而是根据它们的真实大小重建的形象。

4. 对认识的认识

德国哲学家胡塞尔（Husserl）1935 年 5 月 7 日在维也纳的奥地利文化协会（Kulturbund）发表了难忘的演讲，论述了他所说的《欧洲科学的危机》，表明了科学作为认识外部对象的优异工具，在认识认识主体——科学家——方面是完全残缺无力的。只是在最近人们才开始把科学作为研究对象来考察，研究它的理论、它的实践、科学家的活动。在日本福岛核泄漏事件发生以后，人们终于发现科学家被他们不能控制的科学机器的进步所超越。愈是科学在 17 世纪有准确的必要性避免任何价值判断、任何道德判断、任何政治判断，为着不被政权控制，愈是显得今后不受伦理调节的认识可能导致令人恐怖的应用。

现在通常看待上世纪的信仰而嘲笑它们的已被证实过的错

误、幻想。但是谁告诉我们我们已经具有对错误和幻想的免疫力？自称是科学的新自由主义经济理论，开始表现出它是一种意识形态和一种幻想。我们从未反思过这个事实：我们更多地倾向于谴责其他文明中过去的错误、不切实际的幻想，而不自问我们自身犯下错误和抱有幻想的可能性。似乎由于什么奇迹我们打了免于犯错误防疫针了？

回到认识的问题上，考虑它的源泉，考虑它的认识主体，这是任何认识的必要补充部分，包括整体性认识。中心的问题是，我们以我们所出发的组织给予认识世界的原则，即人们称为“范式”的东西，它指导我们的认识系统和思想系统。我们的思想遵从一个化简的和分离的范式。我们对此无所意识，但正是它指导我们所有的教育系统、我们所有的认识系统和我们所有的思想系统，除去一些次要的例外问题。当我们在这个范式的统领下，我们看到所有的事物被分割开了，我们看到所有的事物被化归为它们最简单的要素。而我们还认为所有违反这种观点的东西都是纯粹胡说、纯粹愚蠢和纯粹疯狂。我们处在一个需要改变范式的时代，这在历史上是很少有的。它的主题是用区别代替分割，用连接代替化归。必须区别，但同时连接。这就是复杂性范式。

但是我们处于我称为“人类精神的史前期”的阶段。我们的祖先两三万年前克罗马农的智人，还没有十分进化的工具，但是他们已有跟马克思、爱因斯坦、米开朗琪罗、兰波、希特勒、斯大林等同样的精神、同样的大脑。谁跟我们说我们到达了我们的大脑的、思想的、智慧的能力充分发展的时期？根本没有，除了虚荣自负或狂妄自大。正如路易斯·博尔克（Louis Bolk）[①] 所表明的：随着已经提起过的青春化的过程，人类的特性，还是未完成。对于在这个我们认识的全球铁器时代中的精神也是这样。这对于认识和思想是十分不利的，因为转折点、恐慌使得狂热迷信、恐惧、可能招致互相残杀的冲突的最险恶的形势、最坏的政治倒退等复生。面对这些危险，我们要寻求更加开放的、整体性的同时是复杂性的思想。我们应当避免人们称为“合理化”的东西，这就是一些逻辑系统，但是没有任何根底、基础。我们应该避免教条化，也就是说避免使我们的思想僵化，使它拒绝和经验对质。我们应该抛弃封闭的合理性，它不能把握脱离经典逻辑的东西，不能理解超出这个逻

① 博尔克（1866—1930），爱尔兰解剖学家和生物学家。

辑的东西，以让我们专注于一个认识其限度、意识到不可合理化的东西的存在的开放的合理性。我们应该不停地斗争，为着不相信幻想，后者使神秘的信仰采取颠扑不破的形式。我们处于一个整体性的世界，而这个世界面临着整体性思维的困难，这是与复杂性思维所遇到的困难同样的困难。

我们现在生活在人类历史开始的开始。

Penser Global：L'homme et son univers，by Edgar Morin
Originally published in France as：
Penser global by Edgar Morin
© Editions Robert Laffont，Paris，2015
Current Chinese translation rights arranged through Divas International，Paris
迪法国际版权代理
Simplified Chinese edition © 2020 by China Renmin University Press.

All Rights Reserved.

图书在版编目（CIP）数据

整体性思维：人类及其世界 /（法）埃德加·莫兰（Edgar Morin）著；陈一壮译．-- 北京：中国人民大学出版社，2020.10
ISBN 978-7-300-28588-7

Ⅰ.①整… Ⅱ.①埃… ②陈… Ⅲ.①思维方法 Ⅳ.①B804

中国版本图书馆 CIP 数据核字（2020）第 182059 号

整体性思维：人类及其世界
［法］埃德加·莫兰（Edgar Morin）　著
陈一壮　译
Zhengtixing Siwei：Renlei ji Qi Shijie

出版发行	中国人民大学出版社		
社　　址	北京中关村大街 31 号	**邮政编码**	100080
电　　话	010－62511242（总编室）	010－62511770（质管部）	
	010－82501766（邮购部）	010－62514148（门市部）	
	010－62515195（发行公司）	010－62515275（盗版举报）	
网　　址	http://www.crup.com.cn		
经　　销	新华书店		
印　　刷	北京宏伟双华印刷有限公司		
规　　格	145mm×210mm　32 开本	**版　　次**	2020 年 10 月第 1 版
印　　张	5.375	**印　　次**	2020 年 10 月第 1 次印刷
字　　数	74 000	**定　　价**	49.00 元

版权所有　　侵权必究　　　印装差错　　负责调换